助力乡村振兴
出版计划

【 现代养殖业实用技术系列 】

生猪
优质高效
养殖技术

主　　编　刘林清
副 主 编　周　梅　张　威
编写人员　王重龙　李庆岗　苏世广
　　　　　吴　东　潘孝成　周学利

时代出版传媒股份有限公司
安徽科学技术出版社

图书在版编目（CIP）数据

生猪优质高效养殖技术 / 刘林清主编. --合肥：安徽
科学技术出版社，2023.10
助力乡村振兴出版计划. 现代养殖业实用技术系列
ISBN 978-7-5337-8621-2

Ⅰ. ①生… Ⅱ. ①刘… Ⅲ. ①养猪学 Ⅳ. ①S828

中国版本图书馆 CIP 数据核字（2022）第 222327 号

生猪优质高效养殖技术　　　　　　　　　　　　　　主编　刘林清

出版人：王筱文　选题策划：丁凌云　蒋贤骏　陶善勇　责任编辑：胡　铭
责任校对：沙　莹　责任印制：李伦洲　　　　　　　　装帧设计：冯　劲
出版发行：安徽科学技术出版社　　　　http://www.ahstp.net
　　　　（合肥市政务文化新区翡翠路1118号出版传媒广场，邮编：230071）
　　　　电话：(0551)63533330
印　　制：合肥华云印务有限责任公司　　电话：(0551)63418899
（如发现印装质量问题，影响阅读，请与印刷厂商联系调换）

开本：720×1010　1/16　　印张：10　　　　字数：130千
版次：2023年10月第1版　　2023年10月第1次印刷

ISBN 978-7-5337-8621-2　　　　　　　　　　　定价：43.00元

出版说明

　　"助力乡村振兴出版计划"（以下简称"本计划"）以习近平新时代中国特色社会主义思想为指导，是在全国脱贫攻坚目标任务完成并向全面推进乡村振兴转进的重要历史时刻，由中共安徽省委宣传部主持实施的一项重点出版项目。

　　本计划以服务乡村振兴事业为出版定位，围绕乡村产业振兴、人才振兴、文化振兴、生态振兴和组织振兴展开，由《现代种植业实用技术》《现代养殖业实用技术》《新型农民职业技能提升》《现代农业科技与管理》《现代乡村社会治理》五个子系列组成，主要内容涵盖特色养殖业和疾病防控技术、特色种植业及病虫害绿色防控技术、集体经济发展、休闲农业和乡村旅游融合发展、新型农业经营主体培育、农村环境生态化治理、农村基层党建等。选题组织力求满足乡村振兴实务需求，编写内容努力做到通俗易懂。

　　本计划的呈现形式是以图书为主的融媒体出版物。图书的主要读者对象是新型农民、县乡村基层干部、"三农"工作者。为扩大传播面、提高传播效率，与图书出版同步，配套制作了部分精品音视频，在每册图书封底放置二维码，供扫码使用，以适应广大农民朋友的移动阅读需求。

　　本计划的编写和出版，代表了当前农业科研成果转化和普及的新进展，凝聚了乡村社会治理研究者和实务者的集体智慧，在此谨向有关单位和个人致以衷心的感谢！

　　虽然我们始终秉持高水平策划、高质量编写的精品出版理念，但因水平所限仍会有诸多不足和错漏之处，敬请广大读者提出宝贵意见和建议，以便修订再版时改正。

本册编写说明

我国的猪肉生产已能满足消费者的数量需求，但存在着产品安全性和质量偏低与消费者对产品安全性和质量要求不断提高之间的矛盾。现阶段，猪肉的消费需求已经进入了安全、优质和多元化的时代。因此，生猪优质高效养殖技术作为一种集合现代养猪生产工艺流程并组织实施的综合性技术，能充分发挥生猪的生产潜力，达到高产、优质、低耗、高效的目的，对养猪生产的发展具有重大意义，并且可以不断地提高猪肉产品的安全性和质量来满足消费者的需求。

本书着重阐述生猪优质高效养殖技术的推广应用，内容主要包括猪场的规模与建设，良种猪的选择及猪的营养与饲料，生猪的生产工艺流程及标准化饲养管理，猪场的粪污环保利用以及猪病的防治等内容。本书中第一章和第二章由安徽省农业科学院畜牧兽医研究所的王重龙、周梅负责编写；第三章由安徽省农业科学院畜牧兽医研究所的吴东负责编写；第四章由安徽省农业科学院畜牧兽医研究所的李庆岗、刘林清负责编写；第五章由安徽省农业科学院畜牧兽医研究所的苏世广、张威负责编写；第六章由安徽省农业科学院畜牧兽医研究所的潘孝成、周学利负责编写。本书的编写也参考了部分专家的专著及最新技术文献资料等，在此一并表示衷心的感谢。

本书内容丰富，语言通俗易懂，注重理论与生产实际相结合，资料翔实，数据准确。本书适合广大养猪专业户、家庭农场及各类型养猪场的技术人员、管理人员等从业人员使用，也可作为大专院校相关专业学生的参考用书。

目　录

第一章 ▶ 猪场建设规范

▶ 第一节 猪场设计

一 确定猪场性质及规模

1.性质

原种猪场：养殖经国家及省级畜禽品种审定委员会认定并公布的培育品种(配套系)和地方良种，以及国务院畜牧行政主管部门批准引进的国外优良畜禽原种(纯系)和曾祖代配套系 (分国家级、省级、市级等)种猪的猪场。

祖代猪场：生产父母代种猪的猪场。

商品猪场：自繁自养或直接饲养育肥猪，提供商品猪的猪场。

2.规模

建场规模原则是量力而行、分期实施，先做好、后做大。一般以年出栏10 000头以上商品猪的为大型规模化猪场，年出栏3 000~5 000头商品猪的为中型规模化猪场，年出栏3 000头以下的为小型规模化猪场。

二 猪场选址原则

(1)节约用地，尽量选用不宜耕作的土地，并为进一步发展留有余地。

(2)禁止在旅游区、自然保护区、古建保护区、水源保护区、畜禽疫病

多发区和环境公害污染严重的地区建场。

（3）场址用地应符合当地城镇发展建设规划和土地利用规划要求及相关法规。

（4）场址应选择在城镇居民区常年主导风向的下风向或侧风向，避免猪场气味、废水及粪肥堆置而影响居民区的环境。

（5）应尽量靠近饲料供应和商品销售地区，并且交通便利、水电供应可靠。

（6）选址还应注意各地小气候特点，趋利避害。

三　选址要求

1.周围环境

建场应考虑周边环境的各种因素，如水电、排污等。具备供电可靠、水源充足、水质良好、交通运输便捷等条件。

2.地势地形

建场地势应高燥、避风向阳，地形要开阔整齐，有足够的面积，地下水位应在 2 米以下。地面应较平坦而稍有缓坡，以利排水，一般坡度在 1%~3%为宜，最大坡度不应超过 25%。

3.水源水质

猪场水源要求水量充足、水质合乎饮用水标准，并便于取用和进行卫生防护。

4.电力

猪场要具备可靠的电力保障，饲料加工、清洁、环控、照明、供暖、通风等都要求确保电力供应。要防止部分农村地区电力不稳，最好要有备用电源。

5.防疫间距

确保猪场距交通干线、城镇居民区和公共场所 1 千米以上,3 千米内无屠宰场、畜产品加工厂和大型化工厂。避开居民区常年主导风的上风或侧风处。如果猪场有围墙、河流、林带等屏障,则距离可适当缩短些。禁止在旅游区及工业污染严重的地区建场。

6.占地面积

依据猪场生产的任务、性质、规模和场地的总体情况而定。生产区面积一般可按每头繁殖母猪 50~60 平方米或每头商品猪 3~4 平方米进行规划。

四 猪场规划与布局

1.生活区

生活区包括食堂、职工宿舍、文娱活动室和运动场等,是猪场管理人员日常生活的场所,应单独设立。一般设在猪场地势较高的上风向或偏上风向。

2.生产管理区

生产管理区包括猪场生产管理必需的附属建筑物,如办公室、接待室、财务室、会议室、技术室、化验分析室、饲料加工车间、饲料仓库、修理车间、变电所、锅炉房、水泵房、车库等。

3.生产区

生产区包括各类型猪舍和生产设施,是猪场中的主要建筑区,建筑面积一般占全场总建筑面积的 70%~80%。生产区禁止一切外来车辆与人员随意出入。

4.隔离区

隔离区包括兽医室、病猪隔离间、尸体剖检和处理设施、粪污处理区

等。隔离区应设在猪场下风向、地势较低的地方。兽医室可靠近生产区,病猪隔离间等其他设施须远离生产区。

5.道路

场内道路应净、污分道,互不交叉,出入口分开。净道的功能是人行道和进行饲料、产品的运输通道,污道为运输粪便、病猪和废弃设备专用。生产区一般不设通向猪场外的道路,管理区和隔离区应分别设通向猪场外的道路。

6.其他布局

围墙或防疫沟、绿化带、排水沟、水塔等。

五 饲养工艺

饲养工艺可分为一点式、多点式。

(1)一点式:在一个生产区内按照空怀配种→妊娠→分娩哺乳→保育→生长→育肥的生产程序,实现分段饲养,全进全出。

优点:场地集中,转群管理比较方便。

缺点:易致疫病水平、垂直传播,不利于疫病防控。

(2)多点式:分为二点式和三点式。二点式是将配种、妊娠和分娩群放在一个地点,而将保育猪群、生长育肥猪群放在猪场另一个远离的地点;三点式是将配种、妊娠和分娩猪群放在一个地点,将保育猪群放在第二个地点,将生长育肥猪群放在第三个地点。

优点:易切断疫病的水平传播,有利于疫病防控。

缺点:占地面积较大,转群运输工作量大。

▶ 第二节　猪舍设计

一　猪舍设计的基本原则

(1)满足工艺要求,保证全进全出。

(2)保证有节律、均衡式生产。

(3)便于隔离饲养(多点式)。

(4)与设备配套:饲养工艺→设备→猪舍建筑。

(5)便于对猪场进行清洁、消毒。

二　猪舍对环境的要求

1.温度

猪对温度敏感,小猪怕冷,大猪怕热。适宜温度为15~22 ℃。

2.湿度

猪舍相对湿度一般以60%~70%为宜。

3.空气质量

猪舍环境空气中氨气含量应在0.02毫克/升以下,硫化氢不应超过0.015毫克/升,二氧化碳含量不应超过1.50毫克/升。

4.噪声

仔猪对噪声敏感,一般将65分贝(≤400赫兹)作为猪舍的噪声控制标准上限。

5.气流

气流分布应均匀、无死角。

6.光照

在采用自然光照的同时,根据不同猪舍,沿喂饲道补充适宜光照。

三 猪舍建筑形式

1.根据气候条件选择建筑形式

不同地区有其不同的气候特点,设计猪舍时应根据所处主气候区选择适宜的建筑形式。

严寒地区:1月份平均气温在-15 ℃,猪舍应据防寒保暖要求设计,采用保暖墙和保暖屋顶、有窗或无窗密闭式猪舍。

寒冷地区:1月份气温在-15~-5 ℃,应以防寒为主,兼顾防暑,采用保暖墙和保暖屋顶、有窗密闭式猪舍,种猪舍和后期育肥猪舍可采取半开放式设计。

冬冷夏凉地区:1月份气温在-5~0℃,7月份平均气温在25℃,既要注意防寒,又要注意防暑。宜采用普通砖墙,保温或隔热屋顶,除分娩舍和保育舍采用有窗密闭式外,其他猪舍可采用半开放式或开放式设计。

冬冷夏热地区:1月份气温在0~5℃,7月份气温在27~29℃,全年空气湿度大,应以防暑为主,兼顾防寒,宜采用普通墙体,加大开窗面积,采用隔热屋顶。除分娩舍和保育舍外,其他猪舍可采用半开放式或开放式设计。

炎热地区:1月份平均气温在5℃,7月份气温在28~30℃,空气湿度大,应以防暑要求设计,一般均可采取开放式或凉棚式,采用隔热屋顶,加长出檐。

2.按屋顶形式

按屋顶形式分为单坡式、双坡式、联合式、平顶式、拱顶式、钟楼式和半钟楼式等。

3.按墙的结构和窗户设置

按墙的结构和有无窗户可将猪舍分为开放式、半开放式和密闭式。

4.按猪栏排列形式

按猪栏排列分为单列式、双列式和多列式。

5.按猪舍的用途

按猪舍的用途分为配种舍、妊娠舍、分娩舍、保育舍和生长育肥舍等。

6.新型猪舍

（1）楼房猪舍：在有限的土地面积上最大限度地扩大养殖空间的建筑形式。

（2）发酵床猪舍：利用锯末、秸秆、稻壳、米糠等农林业生产的下脚料配以专业的有益微生态活菌制剂——生物发酵床专用菌来垫圈养猪。以发酵床为载体，快速消化分解粪尿等养殖排泄物，达到健康养殖与粪尿零排放的和谐统一。

四 不同猪舍的结构及设施

1.公猪舍

指饲养公猪的圈舍。多采用单列式结构，猪舍外向阳面设置运动场，隔栏高度为 1.2~1.4 米，舍内外面积一般为 7~9 平方米。一般工厂化式的公猪与空怀母猪在同一猪舍饲养，以利于配种。

2.母猪舍

（1）后备母猪舍。后备母猪一般采取小群（4~5 头）饲养，一群一栏。

（2）空怀母猪舍。同后备母猪一样采用小群饲养，一群一栏。在实行小群饲养的方式下，猪舍结构与后备母猪舍一致。

（3）妊娠母猪舍。妊娠母猪饲养方式分为小群饲养和单体饲养两种，小群饲养猪舍结构与后备母猪舍一致，单体栏长度为 2.0~2.3 米，高为 1 米，

宽为 0.5~0.7 米。

3.产房

产房由母猪限位架、仔猪围栏、仔猪保温箱和地板四部分组成。中间是母猪限位架,两侧是仔猪活动区,四周是围栏,防止仔猪跑出。见图 1-1。

母猪限位架的长度一般为 2.0~2.3 米,宽为 0.6 米,高为 1 米。仔猪围栏的长度一般为 2.0~2.3 米,宽为 1.7~1.8 米,高为 1 米。

地板多用漏缝地板制成网床,距离地面 1.5~2.0 米,母猪与仔猪都生活在漏缝地板上,与低温潮湿的地面脱离。

图 1-1 产房

4.保育猪舍

保育猪舍常为有窗密闭式,配置保育床,一般采用原窝转群,两列三走道或三列四走道设置,并配供暖设备。见图 1-2。

仔猪保育栏的长、宽、高尺寸视猪舍结构而定,常用的规格为栏长 2 米,栏宽 1.7 米,栏高 0.6 米,距离地面高度为 0.25~0.3 米。可饲养 10~25 千克的仔猪 10~12 头。

图 1-2　保育猪舍

5.生长育肥猪舍

生长育肥猪舍可因地制宜地选择类型(单列或双列式)。在饲养 14~15 周龄后出栏上市。见图 1-3。

生长栏和育肥栏提倡原窝饲养,每栏养猪 8~10 头。生长栏的尺寸一般长 2.7 米,宽 1.9 米,高 0.8 米,隔条间距 100 毫米。育肥栏的尺寸一般长 2.9 米,宽 2.4 米,高 0.9 米,隔条间距 103 毫米。

图 1-3　生长育肥猪舍

6.其他设施

病猪隔离舍、兽医室、化验室等。

▶ 第三节 猪场环境控制

一 猪场废弃物对环境的污染

猪场粪便、污水量大,主要成分是未被消化的饲料和代谢产物,包括二氧化碳(CO_2)、氨气(NH_3)、硫化氢(H_2S)等气体,其主要化学成分见表1-1。

表 1-1 猪场废弃物主要化学成分

成分	总固体物/(克/升)	挥发性固体/(克/升)	总氮/(克/升)	磷/(克/升)	钾/(克/升)
猪粪	303.38	261.94	30.73	115.8	23.9
猪尿	21.29	11.04	6.40	—	—

二 猪场大环境保护

(1)减少猪场废弃物(粪、尿、污水、臭气等),饲养优良猪种,优化饲料配方。我国规模化养猪场目前采用的清粪工艺主要有三种:水冲粪、水泡粪和干清粪。其中,干清粪工艺最为合理。

(2)充分利用废弃物,实现循环经济、科学发展。总氮含量:1千克尿素=35千克猪粪=180千克猪尿。最好方式:有一个以猪粪便、污水为主要原料的工厂(有机肥厂或动、植物厂)。

三 猪场小环境保护

1.夏天防暑降温

在炎热的夏季,仅通过正常通风已经无法保证猪舍温度降低到适宜的范围,因此还需采取一定的辅助降温措施。主要方法和措施如下:

（1）滴水降温法:对于栏位固定的猪只和分娩舍的母猪,在猪只的颈部上方装一个水龙头或滴水装置,使得水滴刚好滴在猪的颈部,达到降温目的,但此方法降温效果一般。

（2）喷雾降温法:采用喷头喷水雾,效果较好,适用范围广,在水箱中添加消毒剂还可对猪舍进行消毒。

（3）风扇法:用风扇加强通风可增加猪凉爽的感觉,在温度不变的情况下可减轻热应激;该方法的弱点是气温高于35℃时效果不佳,并且只有风扇直吹到的地方才有效果, 这会造成猪舍部分区域成为降温的死角。吊扇因辐射面太小,也不是理想的降温方式,不建议使用。

（4）冲洗降温法:在每天的高温时段,采取人工方式用水管冲刷猪体,可起到较好的降温效果,但该方法耗费人力,小规模猪场可以采用。

（5）湿帘-风机降温系统:是目前最成熟的蒸发降温系统,利用纸质湿帘既能实现降温,又能净化进入猪舍的空气,其蒸发降温效率为75%~90%。

（6）增加饮水法:在饲料中增加食盐的比例(可诱使猪只多饮水),然后供应温度较低的水给猪只饮用,也是减轻热应激的有效办法。

（7）添加防暑药物法:许多药品猪只采食后可以减轻热应激,如在饲料中添加2%~3%的小苏打或添加适量的电解多维等, 都有一定的防暑降温作用。

（8）有条件的猪场可以安装空调、水帘、冷风机等,虽然投入增加了很多,但与产生的经济效益相比,也是值得的。

2.猪场清洁消毒

（1）进场人员消毒:进入猪场人员要换上专门的工作服和鞋,并通过消毒池对鞋进行消毒, 同时工作服和鞋要定期接受5~10分钟紫外灯照射消毒。

（2）进场车辆消毒:在猪场入口处设置清洗消毒池和车身冲洗喷淋机

等,对必须进入猪场的车辆进行规范全面的消毒。

（3）场内消毒：定期利用高压清洗机和火焰消毒器等设备对猪舍进行全面彻底的消毒。

3.猪场灭蚊蝇

（1）饲料中添加环丙氨嗪（灭蝇胺）：这一方法能将苍蝇的卵杀死，可保证猪的粪便不再滋生苍蝇，效果不错。

（2）塑料布盖粪：定期将集中起来的粪便用塑料布密封覆盖，当苍蝇卵孵化出来后，会因高温缺氧死亡，从而将其消灭。

（3）定期用药物灭蝇：喷药前将猪舍窗户全部打开，放进苍蝇，然后再关严喷药，可一次性杀灭较多的苍蝇；该方法必须全场统一进行，以便消灭得彻底；同时要对易滋生苍蝇的厕所、粪场、垃圾间等进行处理。

（4）水坑投药灭蚊：根据蚊子在水中产卵的特性，在场内有积水的地方，定期（可一周一次）投放杀虫药，将蚊虫卵杀死；同时，保证场内没有积水，也可有效避免蚊子滋生。

（5）清除杂草：清除猪场内的杂草，让蚊子无处藏身，也能有效减少蚊子数量。

（6）钉窗纱：在猪舍的门和窗上面均钉上窗纱，可有效阻止蚊子进入。

（7）种植驱蚊花草：种植有异味的花草，如夜来香、天竺葵等，可驱蚊。

第二章 ▶ 种猪的品种选择与繁育

▶ 第一节 猪的品种

我国是世界上养猪历史较悠久、数量较多的国家之一。人文背景、地理地形及气候条件等的多样性,促成了我国极为丰富的猪遗传资源。据2021年出版的《国家畜禽遗传资源品种名录》记载,我国地方猪种分为6种类型,有83个品种,培育品种25个。从国外引进经过我国长期风土驯化的猪种6个,培育配套性14个,引入配套系2个。我国猪品种总数可谓世界之冠,是世界猪种资源宝库中的重要组成部分。

一 猪的品种分类

按经济类型划分:瘦肉型,代表品种为长白、大约克夏、三江白猪等;脂肪型,代表品种为槐猪、赣州白猪等;肉脂兼用型,代表品种为上海白猪、新金猪等。

二 我国地方猪种

1.我国地方猪种的分类

按区域大致划分为华北型、江海型、华中型、华南型、西南型、高原型六大类型。

2.我国猪种的遗传特性

(1)性成熟早,排卵率高,产仔数多,如太湖猪平均产仔15.8头/窝,母性性能较好,使用年限较长。

(2)适应性强,耐粗饲,抗病力强,绝大多数中国猪种没有猪应激综合征。

(3)肉质好,但瘦肉少,脂肪多,皮肤比例高,骨头比例小。

(4)体格小,饲养期长,后腿不丰满,斜尻,产肉率低。

3.国家级猪种资源保护品种

2006年6月2日,中华人民共和国农业部(现农业农村部)发布第622号公告,确定了37个地方猪种为国家级猪种资源保护品种,安庆六白猪和黄淮海黑猪(马身猪、淮猪、莱芜猪、河套大耳猪)中的淮猪名列其中。

4.安徽省地方良种

(1)淮猪(定远猪):脂肪型,其中心产区在定远县,分布于霍邱、滁州、合肥、淮南、蚌埠等地。定远公猪见图2-1,定远母猪见图2-2。

图2-1 定远公猪　　　　　　　　图2-2 定远母猪

(2)安庆六白猪:主要分布在太湖县境内,其周边县市(宿松、岳西、望江)也有少量分布。安庆六白猪公猪见图2-3,安庆六白猪母猪见图2-4。

图2-3 安庆六白猪公猪   图2-4 安庆六白猪母猪

（3)皖南花猪:属于华中型,主要分布在黄山市、宣城市、池州市等地。皖南花猪公猪见图2-5,皖南花猪母猪见图2-6。

图2-5 皖南花猪公猪   图2-6 皖南花猪母猪

（4)皖南黑猪:分布于东起皖浙交界的天目山两侧,西至太平、宁国、泾县、绩溪、旌德、青阳等地。皖南黑猪公猪见图2-7,皖南黑猪母猪见图2-8。

图2-7 皖南黑猪公猪   图2-8 皖南黑猪母猪

（5）圩猪：分布于芜湖市的南陵、繁昌，宣城，马鞍山的当涂等地，尤以青弋江两岸南陵和宣城较多。圩猪公猪见图2-9，圩猪母猪见图2-10。

图2-9　圩猪公猪　　　　　　　　图2-10　圩猪母猪

（6）皖北猪：主要分布于涡阳、颍上、太和、蒙城、临泉、阜南等地，淮北市和宿州市也有此猪。皖北猪公猪见图2-11，皖北猪母猪见图2-12。

图2-11　皖北猪公猪　　　　　　　图2-12　皖北猪母猪

三　国外引入猪种

19世纪末期以来，我国从国外引入的猪种有10多个。目前，在我国影响大的瘦肉型猪种有大约克夏猪、长白猪、杜洛克猪、汉普夏猪、皮特兰猪、斯格配套系猪等。

国外引入品种一般具有以下特点：

（1）生长速度快，饲料报酬高；

（2）屠宰率和胴体瘦肉率高，但肉质较差；

（3）母猪通常发情不太明显，配种难度较大；

（4）抗逆性和适应性较差。

1.大约克夏猪

大约克夏猪原产于英国。体形大、被毛全白，又名大白猪。大约克夏猪具有增重快、繁殖力高、适应性好等特点。窝产仔数 10.8 头，日增重 930 克左右，饲料转化率为 2.30，胴体瘦肉率为 64.9%。在我国猪杂交繁育体系中一般用作父本，在引入品种三元杂交中常用作母本或第一父本，具有很高的利用价值。

2.长白猪

长白猪原产于丹麦，是世界上分布较广的著名瘦肉型品种，体躯较长，被毛全白，故名长白猪。长白猪具有增重快、繁殖力强、瘦肉率高等特点。窝产仔数 8～10 头，日增重 947 克左右，饲料转化率为 2.36，胴体瘦肉率为 63.6%。在我国猪杂交繁育体系中，一般用作父本开展二元和三元杂交，杂种猪生长速度快，且体长和瘦肉率有明显的杂交优势。

3.杜洛克猪

杜洛克猪原产于美国，被毛棕色或暗红色。杜洛克猪具有增重快、屠宰率高、瘦肉率高、适应性好等特点。在生产商品猪的杂交中多用作终端父本，杂交后代生产性能良好，具有很高的经济利用潜力。

4.汉普夏猪

汉普夏猪原产于美国，体躯较长，肌肉发达，瘦肉率高，背膘薄。将汉普夏作为父本与某些地方猪种杂交，能显著提高商品猪的瘦肉率。

5.皮特兰猪

皮特兰猪原产于比利时。皮特兰猪具有眼肌面积大、后腿肌特别发达、背膘薄、胴体瘦肉率高等特点。在杂交利用时,通常将其与杜洛克猪或汉普夏猪进行杂交,杂交一代作为终端父本。

6.斯格配套系猪

斯格配套系猪原产于比利时,我国于 1990 年引进。斯格配套系猪生长发育性能优良,商品猪育肥性能好(育肥期日增重可达 876 克),100 千克出栏日龄短(152 天左右),肉质好,瘦肉率可达 66%,肉色鲜红,大理石纹明显,有较高的系水力,嫩度好。

四 国内培育品种

从 1949 年至 2000 年的 50 余年间,我国广大养猪工作者和育种专家通力协作,共育成新品种、新品系 40 多个。近年来,又有一些新品种或配套系育成,并通过国家畜禽品种审定委员会猪品种审定专门委员会的审定。这些猪的新品种和新品系既保留了我国地方品种的优良特性,又兼具引入品种的优点,大大丰富了我国猪种资源基因库,推动了猪育种学科的进步,并且已经普遍应用于商品瘦肉猪生产中。下面简要介绍安徽省的几个主要培育品种。

1.淮猪02号配套系

淮猪 02 号配套系是安徽省培育的第一个猪配套系,于 2006 年 6 月通过安徽省审定,父母代窝产仔数为 13.0 头。抗病力强,发情明显,发情期受胎率高(90%以上),无应激综合征,适合农村饲养。商品猪生产性能:生长育肥期日增重 816 克左右,料重比 3:1,屠宰率为 75.62%,瘦肉率为 60.6%,肉色评分 3.22 分,大理石纹评分 3.08 分。贮存损失率为 4.82%,宰后 24 小时肉质 pH 为 5.8,肌内脂肪含量为 2.5%。

2.江淮白猪——淮猪新品系

江淮白猪——淮猪新品系是安徽省培育的第一个猪新品系,于2008年3月通过了安徽省科技厅的成果鉴定,标志着安徽省在猪育种方面的研究达到国际先进水平。淮猪新品系具有头清秀,全身白毛;体形大;母猪发情明显;繁殖力高,母性强;产仔数多(经产母猪平均窝产仔数为12.43头,最高窝产仔数为20头);适应能力强;肌内脂肪含量高(2.5%);无劣质肉(PSE肉),肉质好等特点。适合作为配套系的母本与父本D系配套生产优质瘦肉猪最佳,商品代猪生长速度快(日增重900克左右),饲料利用率高(2.76:1);肌肉发达,瘦肉率高(65%)。是当前生产优质瘦肉猪的最佳选择。

第二节 种猪的选择

种(良种猪)、料(营养饲料)、舍(猪舍环境控制)、病(猪病防治)、管(经营管理)等构成了现代生猪生产的五大基本要素。相关研究数据表明,在促进畜牧业发展的各种因素中,家畜品种改良对畜牧业发展的贡献率约为40%,饲料营养贡献率为20%,饲养管理贡献率为20%,疫病防治贡献率为15%,其他方面的改善和提高贡献率为5%。由此可见,猪种质量的好坏对养猪业的发展起着关键性作用。

要做好种猪的选择工作,前提是必须了解种猪的主要经济性状及其遗传规律、度量方法,从而采取相应的选择措施。

一 种猪的主要经济性状

1.繁殖性状

种猪的繁殖性状包括窝产仔数、仔猪初生重、断奶仔猪数、21日龄窝

重、产仔间隔和初产日龄等。

2.生长性状

种猪的生长性状主要包括生长速度、活体背膘厚和饲料转化率等,近年来对种猪的采食量日益重视起来。

3.胴体性状

种猪的胴体性状包括胴体重(我国所指的胴体重是去内脏、去头、去蹄的胴体重量)、胴体背膘厚、眼肌面积、腿臀比例、胴体瘦肉率和脂肪率等。由于我国胴体重计算方法与国外不同,所以,国内胴体瘦肉率往往比国外要高 3~5 个百分点。因此,在比较国内外猪胴体瘦肉率时应当予以注意。

4.肉质性状

肉质性状的优劣可通过多种指标来判定,常见的有肌肉 pH、肉色、系水力(或滴水损失)、大理石纹、肌内脂肪含量、嫩度、风味等。我国种猪遗传评估方案中的肉质性状指标有肌肉 pH、肉色、滴水损失和大理石纹。

必须指出的是,肉质与瘦肉率间存在着遗传负相关关系。当对高瘦肉率的选择强度过大时,会引起肉质下降。近年来,养猪业发达国家已开始重视肉质性状的改良,并将肉质性状纳入育种目标性状指标。

二 种猪的引进与选择

1.种猪引进原则

无论是老场还是新场,引进种猪都是一项必要的工作,也是一项技术性很强的工作,是猪场经营管理的关键。引进种猪要遵循以下原则:

(1)原种猪要纯,符合品种要求,无氟烷隐性基因。系谱清楚,无杂系,按国家规定疫病检验合格。

(2)引进种猪应隔离饲养 1 个月,无异常者才能进入猪场生产区。

（3）种猪要有各种原始记录,谱系卡片,同胞与半同胞生产性能等。

（4）定人管理,非管理人员不得接近种猪,预防疫病传入。

（5）引进种猪按标准饲养,并记录生产性能,90 千克活重进行测膘,计算饲料消耗量与饲料利用率。

2.引种的技术要求

（1）品种的确定:根据猪场定位或场内猪群血缘更新的需求进行确定。原种猪场必须引进同品种多血缘纯种公母猪,扩繁猪场可引进不同品种纯种公母猪,商品猪场可引进纯种公猪及二元母猪。

（2）选择符合条件的猪场引种:①猪群的健康状况是确定能否引种的前提;②猪场必须证照齐全,要有种畜禽生产经营许可证、动物防疫合格证,信誉度高,有足够的供种能力且技术服务水平较高,种猪系谱要清楚;③猪场要有一定的规模,以免选择范围窄、血统数少、近亲程度高;④猪场要有跟踪技术服务能力,有很好的社会信誉度;⑤尽量从同一家猪场选购。

3.种猪运输

（1）运输车辆禁用社会上贩运商品猪的运输车。任何车辆承运前均须进行检查,并彻底清洗、消毒。

（2）做好车辆隔栏,以每栏 8~10 头为宜,确保种猪能自如站立、活动,不可过于拥挤或宽松。

（3）车箱底应垫上木屑或稻草,以免种猪的蹄脚受损。

（4）运输前不宜让种猪饱食。

（5）装车时尽可能同类别猪只混在一起,且体重不宜相差太大,最好上车时对猪群喷洒有较浓气味的消毒药水,以中和气味,避免打架。

（6）运输途中应保持车辆平稳行驶,不能骤停急刹。

（7）长途运输应随车备有注射器及镇静类、抗生素类药物,停车时注

意观察猪群状况,遇有异常猪只须及时处理。

4.种公猪的选择

俗话说:"母猪管一窝,公猪管一坡。"1头公猪可配种20头甚至更多的母猪,这些母猪可产上百头仔猪。因此,种公猪对后代的遗传影响是显著的,种公猪选择应从以下几个方面考虑。

(1)生产性能:背膘厚度、生长速度和饲料转化率都属于中等或高遗传力的性状。因此,对后备种公猪的选择首先应测定公猪在这些方面的性能,并进行比较,选择具有较高性能指标的种公猪。要对种公猪精液的品质进行检测,要求精液质量优,种猪性欲好,配种能力强。

(2)外貌评定标准:总体要求符合品种特征,雄性特征明显,身体结实、匀称,骨骼强壮,膘情适中。要求头部大小适中,颈坚实,无过多肉垂;背膘平直,结合良好;腹部不下垂;臀部肌肉发达,腿臀围大;四肢及肢蹄端正,无卧系,强壮;系部短而强健,步伐开阔,无内、外八字,行动灵活;乳房发育正常,至少有6对正常乳头,乳头排列均匀整齐;睾丸发育良好,左右对称。

5.种母猪的选择

种母猪主要选择指标是母性能力强(高产仔数和断奶重、温驯、易管理、身体结实),其次是背膘厚和生长速度。种母猪应满足:易受精、受胎,产仔数高;母性能力强,泌乳力强;体质结实,肢蹄结构端正;在背膘和生长速度方面具有良好的遗传潜力。

(1)体形外貌:外貌与毛色符合品种特征。乳房和乳头是母猪的重要性状,除要求具有该品种所应有的乳头数外,还要求乳头排列整齐,间距正常,分布均匀,无凹陷乳头及内翻乳头。外生殖器正常,四肢强健,体躯有一定深度。

(2)繁殖性能:后备种母猪在6~8月龄时配种,要求发情明显,易受孕。应淘汰那些发情迟缓、久配不孕或有繁殖障碍的母猪。当种母猪有繁殖成绩后,要重点选留那些产仔数高、泌乳力强、母性好、仔猪育成多的种母猪。根据实际情况,淘汰繁殖性能表现不佳的母猪。

(3)生长育肥性能:可参照种公猪的方法,但指标要求可适当降低,可以不测定饲料转化率,只测定生长速度和背膘厚。

6.自繁后备种猪的选择

自繁后备种猪的选择过程,一般要经历4个阶段:

(1)断奶阶段选择:第一次挑选(初选),可在仔猪断奶时进行。从大窝中选留后备猪,根据种母猪的产仔数,断奶时应尽量多留。挑选的标准:仔猪必须来自母猪产仔数较高的窝中,符合品种的外形标准,生长发育良好,体重较大,皮毛光亮,背部宽长,四肢结实有力,乳头数在7对以上(瘦肉型猪种在6对以上),没有明显遗传缺陷。乳房性状达标是种用后备母猪选择中的一个重点。

初选数量为最终预定留种数量公猪的10~20倍、母猪的5~10倍,较多的初选数量,是本阶段复选提高选择指标要求的保证,有利于最终取得理想的选择效果。

(2)保育结束阶段选择:保育猪要经过断奶、换环境、换料等环节的考验。保育期结束仔猪一般达70日龄,断奶初选的仔猪经过保育阶段后,有的适应力不强,生长发育缓慢,有的遗传缺陷显现。因此,保育期结束要进行第二次选择,将体格健壮、体重较大、没有瞎乳头、公猪睾丸发育良好的初选仔猪转入下阶段测定。

(3)测定结束阶段选择:性能测定一般在5~6月龄结束,这时仔猪的重要生产性状(除繁殖性能外)都已基本显现。因此,本阶段是选种的关键期,应作为主选阶段。应该做到:凡体质衰弱、肢蹄存在明显疾患、有内翻乳头、体形有严重缺陷、外阴部特别小、同窝出现遗传缺陷者,可先行

淘汰。要对备选种猪的乳头良好度和肢蹄结实度进行普查。其余个体均应按照生长速度和活体背膘厚等生产性状构成的综合育种值指数进行选留或淘汰。必须严格按综合育种值指数的高低进行个体选择,该阶段的选留数量可比最终留种数量多 15%~20%。

（4）配种和繁殖阶段选择:此时后备种猪已经过了 3 次选择,对其祖先、生长发育和外形等方面已有了较全面的评定。所以,该阶段选种的主要依据是个体的繁殖性能。下列情况的母猪应考虑淘汰:至 7 月龄后仍无发情征兆者;在一个发情期内连续配种 3 次未受孕者;断奶后 2~3 月龄无发情征兆者;母性能力太差者;产仔数过少者。种公猪性欲低、精液品质差,所配母猪产仔数较少者也应淘汰。

第三章 猪的营养与饲料

▶ 第一节 猪的消化生理特点

猪是一种杂食类单胃哺乳动物,其消化生理特点与人类似,常用作医学动物模型。猪具有发达的咀嚼吞咽器官与灵敏的嗅觉,胃是其重要的消化器官,肠道的长度是其体长的十几倍,是主要的营养吸收器官。由于其缺乏反刍动物那样发达的瘤胃,因此对于粗饲料的采食不利。特别是早期断奶仔猪消化系统发育尚未完善,胃酸分泌不足,免疫力低下,体温调节能力差,消化酶分泌不足。早期断奶仔猪的生理特点见表3-1。

表 3 - 1　早期断奶仔猪的生理特点

生理特点	主要表现
消化系统发育尚未完善	断奶后饲料状态由液体转为固体,在日粮干物质的机械磨损下,肠绒毛受损变短,绒毛萎缩、隐窝加深、肠黏膜淋巴细胞增生和隐窝细胞有丝分裂速度加快,严重影响仔猪消化过程中的分泌、吸收能力
胃酸分泌不足	1. 早期断奶仔猪胃酸分泌不足,导致胃 pH 过高,从而使胃中多种酶原致活能力减弱,饲料中各种养分消化率降低; 2. 为各种病原菌的繁殖提供了有利条件,极易导致仔猪腹泻,引起胃排空加快,使大量未消化饲料进入小肠,加重其负担
免疫力低下	仔猪 10 日龄后才开始产生免疫抗体,在 30～35 日龄时数量还很少,在 5～6 月龄才能达到成年猪水平。仔猪断奶后,不能从母乳中获得抗体,自身免疫系统的发育受到抑制,受断奶、日粮等应激的影响,对疾病的抵抗力下降,容易发生腹泻、下痢等疾病

续表

生理特点	主要表现
体温调节能力差	断奶仔猪被毛稀疏、皮下脂肪少、大脑皮质发育不健全,对各系统的调节能力差,致使仔猪体温调节机制不健全,易受冷热应激的影响
消化酶分泌不足	与哺乳仔猪相比较,早期断奶仔猪的胰酶分泌不足,胃肠道消化酶活性降低,影响仔猪对日粮中营养成分的吸收利用,导致肠道消化和吸收不良

猪的嗅觉和味觉均比较灵敏,其中嗅觉在采食、个体识别、求偶与交配等行为中均具有重要作用。饲料的气味、酸碱度、甜味、苦味等均会不同程度地影响猪的采食行为。为其提供合适的嗅觉诱食剂(香味剂)、调味剂(酸化剂、甜味剂等)可促进猪的采食,增强猪的消化与吸收能力。

▶ 第二节 猪的营养

一 碳水化合物

饲料中的碳水化合物主要由无氮浸出物和粗纤维两部分组成。无氮浸出物的主要成分是淀粉,也有少量的单糖类。无氮浸出物易消化,是植物性饲料中产生热量的主要物质。粗纤维包括纤维素、半纤维素和木质素等成分,粗纤维难于消化,过多时还会影响饲料中其他养分的消化率,故猪饲料中粗纤维含量不宜过高。当然,适量的粗纤维在猪的饲养中还是必要的,粗纤维除能提供部分能量外,还能促进猪的胃肠蠕动,有利于消化和排泄以及具有填充作用,使猪具有饱腹感。

二 蛋白质

蛋白质是生命的物质基础,是构成细胞的基本有机物,它能更新动物机体组织和修补被损坏的组织,可组成动物体内的各种活性酶、激素、体

液和抗体等。缺乏蛋白质,会导致生猪生产量下降,或生长受阻;易导致贫血,降低抗体在血液中的含量,损害血液的健康和降低猪的抗病力;会造成繁殖障碍,致使母猪发情不正常,妊娠期出现死胎,产后泌乳力差,甚至无奶;仔猪出生后体弱;公猪精液质量下降;等等。

三 脂肪

脂肪在猪体内的主要功能是氧化供能。除供能外,多余部分可蓄积在猪的体内。脂肪的能值很高,所提供的能量是相同质量碳水化合物的两倍以上。脂肪还是脂溶性维生素和某些激素的溶剂,饲料中添加一定量的脂肪有助于猪对这些物质的吸收和利用。

四 无机盐

无机盐是猪的机体构成、代谢所必需的物质,具有调节血液和其他体液的酸碱度及渗透压,促进消化神经活动、肌肉活动和内分泌等活动的作用。根据各种无机盐在猪体内含量的不同,可分为常量元素和微量元素两大类。常量元素包括钙、磷、钾、钠、硫、氯、镁等,微量元素包括铜、铁、锌、锰、钴、硒等。

五 维生素

大多数维生素不能在猪体内合成,要靠饲料供给。维生素在猪体内既不参与组织和器官的构成,又不氧化供能,但它们却是猪的正常生理代谢过程中不可或缺的物质。维生素分为脂溶性和水溶性两大类:脂溶性维生素包括维生素 A、维生素 D、维生素 E、维生素 K,水溶性维生素包括维生素 C、B 族维生素和其他酸性维生素。饲料中缺乏某种维生素时,猪常会表现出相应的缺乏症状。

六 水

水是重要营养成分,是猪的各种器官、组织和体液的重要组成部分。水能保持猪的生理调节和渗透压调节,保持细胞的正常形态。饲料的消化与吸收、血液循环、体温调节、营养物质的代谢和粪尿的排出、生长繁殖、泌乳等过程,都必须有水的参与。因此,在猪的生长、繁育过程中要保证水的安全、充足供应。

▶ 第三节 猪的饲料

根据饲料的性质和营养特点,猪的饲料可分为精饲料、青绿多汁饲料、粗饲料、矿物质饲料、维生素及添加剂五大类。

一 精饲料

精饲料包括能量饲料和蛋白质饲料两种。

1.能量饲料

能量饲料是指每千克干物质中粗纤维的含量低于18%、蛋白质含量低于20%、可消化能高于10.45兆焦/千克的饲料。该类饲料主要成分是无氮浸出物,占干物质的70%~80%,粗纤维含量为4%~5%,无机盐和维生素含量较少,氨基酸种类不齐全,含量也不平衡,特别是限制性氨基酸含量较低。能量饲料必须与优质蛋白质饲料配合使用。能量饲料主要包括:谷物籽实类饲料,如玉米、稻谷、大麦、小麦等;谷物籽实类加工副产品,如米糠、小麦麸等;富含淀粉及糖类的根、茎、瓜类饲料(晒干);液态的糖蜜、乳清和油脂等。

在实际饲喂中,常用的能量饲料主要有以下几种:

（1）玉米：产量高，用量大，有效能值较高，适口性好，有"饲料之王"的美称。一般占配合饲料的 40%~70%，在饲料中起着提供能量的作用。玉米的蛋白质质量较差，氨基酸也不平衡，无机盐及微量元素含量都比较低，所以使用时应与其他饲料合理搭配。据测定，玉米水分含量在 14% 以上，贮藏温度在 20℃ 以上时，极易发生霉变，产生的黄曲霉毒素 B_1 是一种强烈的致癌物。所以，在配制饲料时，禁止使用发霉变质的玉米。

（2）小麦：有效能值仅次于玉米、高粱，与大麦近似，粗蛋白质含量高于玉米、高粱，各种限制性氨基酸也高于玉米。小麦中锰、锌含量较高。小麦赤霉病在国内外都有发生，感染此病的麦粒呈灰色带红，麦粒空心，表皮发皱。赤霉病菌可引起动物机体急性中毒，出现呕吐等症状。我国粮食中小麦标准规定，小麦赤霉病粒最大允许含量为 4%。采用小麦作猪饲料时，应注意小麦赤霉病菌的含量。

近年来，小麦在猪饲料中的应用越来越广泛。小麦作为能量饲料，营养价值和玉米相比，其粗蛋白质、钙、磷等含量高，但小麦含有较高的阿拉伯木聚糖和 β–葡聚糖等抗营养因子，会影响其他营养物质的消化和吸收。利用小麦替代玉米有以下注意事项：

①猪饲料中用小麦替代玉米的一般替代比例：仔猪为 10%~20%，生长猪为 20%~30%，育肥猪为 20%~40%。

②如果用小麦替代玉米超过 15% 时，必须添加小麦专用复合酶（含木聚糖酶、葡聚糖酶、甘露聚糖酶、纤维素酶等）。同时要调整赖氨酸、苏氨酸和磷等的含量。

③小麦不要磨得太细，过细会影响猪的采食量，并可能引起猪的消化道溃疡。

④小麦在生长过程中易感染赤霉病，产生呕吐毒素，所以一定要禁止使用霉变的小麦。

⑤小麦的添加量应逐步增多,可在7~10天换完料。

⑥与玉米相比,小麦的有效生物素含量很低,所以在种猪饲料中使用小麦时,要考虑生物素的补充。

⑦小麦收割后须经两个月的后熟期才完全成熟,考虑到小麦收储条件不同,建议新小麦储存三个月后再用最为适宜。

⑧育肥猪饲料中小麦替代玉米的简易方法:200千克小麦可替代180千克玉米和20千克豆粕;250千克小麦可替代220千克玉米和30千克豆粕。

(3)小麦麸:俗称麸皮,是小麦磨粉的副产品。常规小麦麸及低纤维小麦麸中赖氨酸等必需氨基酸含量均较高,含有较丰富的铁、锌、锰,但磷的质量不佳,绝大部分是植酸磷,不利于无机盐类的吸收。小麦麸中还含有丰富的维生素K、B族维生素和胆碱。小麦麸质地蓬松,用在配合饲料中,可以调节饲料营养浓度,改变大量精料的沉重性质。小麦麸还有轻泻作用,产后母猪给予适量的麸皮粥,可以调养消化道的功能。小麦麸吸水性强,如干饲量较大可引起便秘。另外,单喂小麦麸,由于植酸磷的抗营养特性,可导致猪的软骨症及瘫痪病,应引起注意。

(4)米糠:是糙米加工精米时分离出来的种皮、糊粉层和胚的混合物,其营养价值视精米加工程度而异。加工的精白米越白,则胚乳中的物质进入米糠的成分越多,米糠的能量价值越高。米糠中含有粗蛋白质约13%,粗脂肪约17%,有效能值仅次于稻谷。米糠中含有不饱和脂肪酸,易被氧化、发热而酸败,不易保存。米糠中还含有胰蛋白酶抑制因子,它的活性很高,用量过多会抑制猪的正常生长。米糠经榨油后的副产品称为脱脂米糠,也叫米糠饼。米糠饼经过烘炒、蒸煮、预压等工艺,适口性和消化性都被改善,除了减少部分脂肪及维生素外,其他营养成分基本保留。米糠饼能量值有所降低,但易于保存。实验表明,用米糠饼喂猪还可避免喂米糠使猪肉脂肪发软的缺陷。米糠饼是我国南方猪配合饲料的主要来源之一。米糠和米糠饼中均含有较多的氨基酸,特别是含硫氨基酸,铁、锰、锌含量也较丰富。缺陷是钙、磷比例极不平衡,磷含量是钙含量的20倍以上,其中以植酸磷为主,不利于其他元素的吸收和利用。

(5)稻谷:含无氮浸出物在60%以上,粗纤维为8%以上,粗纤维主要集中于稻壳中,且半数以上为木质素等。因此,稻壳是稻谷饲用价值的限制成分。稻谷粗蛋白含量为7%~8%,赖氨酸、蛋氨酸、色氨酸等含量较少。稻谷有效能值比玉米低得多。

(6)糙米:含无氮浸出物多,主要是淀粉。粗蛋白质含量为8%~9%,其氨基酸组成与玉米相似。脂肪含量约为2%,其中不饱和脂肪酸比例高。糙米中灰分含量(1.3%)较少,其中含钙少、磷多,且磷多以植酸磷形式存在。

(7)碎米:养分含量差异很大,粗蛋白质含量为5%~11%,无氮浸出物含量为61%~82%,粗纤维含量为0.2%~2.7%,因此碎米用作饲料时,要对其养分进行实测后再使用。

2.蛋白质饲料

蛋白质饲料是指干物质中粗蛋白质含量大于或等于20%、消化能含量超过10.45兆焦/千克、粗纤维含量低于18%的饲料。这类饲料的主要特点是粗蛋白质含量多且品质好,赖氨酸、蛋氨酸、色氨酸等必需氨基酸的含量高,粗纤维含量较少,易消化。按其来源和属性,主要分为以下几个类别:

(1)植物性蛋白质饲料:主要包括豆科籽实、饼(粕)类及其一些加工副产品。豆科籽实仅少量用作饲料,大部分是作为食品;饼(粕)类饲料是动物最主要的蛋白质饲料来源;常用的加工副产品主要有糟渣类和玉米蛋白粉等。

（2）动物性蛋白质饲料：主要包括鱼粉、血粉、肉粉、肉骨粉、水解羽毛粉、虫粉等。

（3）微生物蛋白质饲料：亦称为单细胞蛋白质饲料，主要是酵母蛋白质饲料。

与能量饲料相比，蛋白质饲料的蛋白质含量较高，且品质优良，两者在能量价值方面则差别不大，蛋白质饲料略偏高于能量饲料。

在实际饲喂中，常用的蛋白质饲料主要有以下几种：

（1）大豆饼（粕）：是大豆提取油脂后的副产品。大豆饼（粕）中粗蛋白质含量为40%~48%，其中赖氨酸含量较高，为2.4%~2.9%。大豆饼（粕）与含赖氨酸不足的谷实类、块根块茎类饲料搭配使用，具有明显的互补作用。大豆饼（粕）中铁、锌含量丰富。大豆中含有胰蛋白酶抑制因子，影响蛋白质的吸收和利用，不过这种胰蛋白酶抑制因子具有热不稳定性，大部分经10~15分钟的加热处理后即可破坏，且加热后的蛋白质功效比值可以得到明显改善。但加热温度不宜过高，过高会降低豆饼（粕）中粗蛋白质和氨基酸的质量和利用率。

（2）全脂大豆：大豆的高能、高蛋白质在配制猪的高营养浓度饲料时很有用，将熟化的全脂大豆作为猪的饲料效果好，既能提供高能、高蛋白质，又能补充亚油酸等必需脂肪酸。因此，越来越多的饲料企业将全脂大豆用作配制猪饲粮的原料。全脂大豆中粗蛋白质含量为33%~38%，并且氨基酸组成较合理，但含硫氨基酸相对不足；粗脂肪含量达18%，其中亚油酸比例高，占大豆油的50%，占全脂大豆的10%；卵磷脂含量较多，为1.5%~2.0%；磷、硫、铁、维生素E、胆碱、叶酸、生物素等含量也比较丰富。全脂大豆的加工方法一般有：焙炒、干式挤压（大豆粗碎—进入挤压机—摩擦生热达140℃—经25秒后由小孔喷出）、湿式挤压（大豆粗碎—进入挤压机并注入蒸汽—摩擦生热—由小孔喷出）、爆裂。

（3）菜籽饼（粕）：是油菜籽提取油脂后的副产品。其粗蛋白质含量约为38%；菜籽粕中的粗蛋白质含量比菜籽饼中的含量高出2%~3%。菜籽饼（粕）中赖氨酸含量介于大豆饼与棉籽饼之间，色氨酸含量较低，但含硫氨基酸比大豆饼、棉籽饼都高。硒含量较高，特别是贵州产的菜籽饼中硒含量比其他饼（粕）类高出10倍以上。此外，铁、锰、锌含量也比较丰富。但由于其含有大量硫苷等抗营养因子以及硫苷酶解产物异硫氰酸酯、噁唑烷硫酮等有毒物质，极大地影响了菜籽饼（粕）的饲用价值。因此，菜籽饼（粕）在猪饲料中的用量一般限制在5%以下。不同品种的菜籽毒素含量也有差异，须从普及应用无毒或低毒菜籽品种着手，并进行菜籽饼（粕）脱毒处理。在物理法、化学法、酶制剂法和微生物发酵法等众多的菜籽饼（粕）脱毒处理方法中，微生物发酵法具有操作简单、脱毒效果明显等优点。通过固态发酵的菜籽饼（粕）硫苷降解率为50%~70%，异硫氰酸酯降解率为40%~60%，噁唑烷硫酮降解率约为55%，小肽含量提高了2~4个百分点。发酵菜籽饼（粕）在生长育肥猪日粮中可添加至10%。

（4）芝麻粕：是芝麻提取油脂后的副产品。主要成分是芝麻蛋白质，其粗蛋白质含量在45%以上，氨基酸组成类似于等蛋白质含量的豆粕，且富含多种动物机体必需氨基酸，是一种富含高营养植物蛋白的原料。芝麻粕价格低廉，越来越受到饲料厂家的青睐。但由于其赖氨酸含量较低，在使用时要注意添加赖氨酸，以平衡氨基酸，提高饲料消化利用率。

另外，由于芝麻粕的用量受到其外观、气味，及其含有的一些抗营养因子等因素的影响，限制了其在饲料中的用量。一般通过微生物发酵法来解决，即把普通芝麻粕经微生物固态厌氧发酵，分解破坏其一部分抗营养因子，并产生了一系列酶（植酸酶、蛋白酶等），其中的植酸酶能分解芝麻粕中的肌醇六磷酸，使被肌醇六磷酸螯合的营养成分（蛋白质、磷等）释放出来，再加上蛋白酶的作用，从而提高了芝麻粕中能量、氨基酸

和磷等消化代谢率。

发酵芝麻粕营养成分:粗灰分含量为 9.8%,粗蛋白质含量为 43.6%,粗脂肪含量为 1.4%,粗纤维含量为 15.6%,钙含量为 1.92%,总磷含量为 1.10%,赖氨酸含量为 0.40%,苏氨酸含量为 1.06%,蛋氨酸含量为 0.66%,胱氨酸含量为 1.06%,小肽含量为 5.09%。

生长育肥猪日粮中可添加 5%~15% 的发酵芝麻粕替代豆粕。

(5)花生饼(粕):是花生仁提取油脂后的副产品。其蛋白质含量为 45%~55%,氨基酸含量也较均衡,并含有丰富的铁。花生油的熔点较低,喂残油多的花生饼容易产生软脂质的猪肉。生花生仁和生大豆一样,含有胰蛋白酶抑制因子,不宜生喂。花生如果发霉变质,会产生黄曲霉毒素,这是一种剧毒、致癌物质,猪对这一毒素很敏感,不能用发霉变质的花生饼(粕)喂猪。我国国家标准中的猪的配合饲料中黄曲霉毒素 B_1 的允许量为小于或等于 0.02 毫克/千克。

(6)DDGS 饲料:是酒糟中蛋白饲料的商品名,即含有可溶固形物的干酒糟。有两种:一种为 DDG(Distillers Dried Grains,DDG),是将玉米等酒糟进行简单过滤,滤清液弃掉,只对滤渣进行干燥而获得的饲料;另一种为 DDGS(Distillers Dried Grains with Solubles,DDGS),是将滤清液干燥浓缩后再与滤渣混合干燥而获得的饲料。后者的能量和营养物质总量均明显高于前者。DDGS 饲料的蛋白质含量在 26% 以上,已成为国内外饲料生产企业广泛应用的一种新型蛋白饲料原料,在猪的配合饲料中添加比例最高可达 30%。

(7)玉米蛋白粉:也叫玉米麸质粉,是原料玉米除去淀粉、胚芽及玉米外皮后的剩余产品,其外观呈金黄色,带有烤玉米的味道,并有玉米发酵的特殊气味。含有大量蛋白质、丰富的氨基酸和少量的淀粉及纤维。有蛋白质含量 60% 和 50% 以上两种规格。玉米蛋白粉不含有毒有害物质,可直

接用作蛋白质原料,是饲用价值较高的饲料原料。

（8）大米蛋白粉（饲料级）：是从大米中提取的蛋白质,经粉碎、提纯、干燥等加工后形成的粉末状物质。其色泽鲜亮,颜色灰白,含有大量蛋白质,氨基酸组成合理且含量高,具低过敏性,是饲料工业的优良添加剂。用作饲料,对畜禽有助长抗病的功能,具有很强的诱食力和开食作用,可提高饲料的利用率,减少作为能量消耗的部分蛋白质,达到节约蛋白、提高饲料能量、降低饲料成本、促进动物生长发育的目的。

饲料级大米蛋白粉分为 A、B、C 三级：

A 级：粗蛋白>80%、灰分<3%、粗脂肪<6%、水分<10%；

B 级：粗蛋白≥75%、灰分<4%、脂肪<6%、水分<10%；

C 级：粗蛋白≥65%、灰分<4.5%、脂肪<6%、水分<10%。

（9）鱼粉：属于动物性蛋白质饲料,是一种限制性氨基酸含量丰富的蛋白质饲料。优质鱼粉中含有丰富的铁、锌、硒、钙、磷等元素,鱼粉的价值主要是提供赖氨酸、含硫氨基酸及色氨酸等限制性氨基酸。进口鱼粉粗蛋白质含量在 60%以上,国产鱼粉中粗蛋白质含量约为 50%,但是国产鱼粉原料不稳定,用国产鱼粉配制全价饲料时,应到饲料检测部门进行化验后方可使用。

（10）肉骨粉：是以新鲜的动物废弃组织及骨骼经高温高压蒸煮、灭菌、脱胶、干燥、粉碎后的产品,是一种重要的动物性蛋白产品。其加工原料是从动物组织中剔除了脂肪、油脂或其他成分之后的全部或部分剩余物。黄至黄褐色油性粉状物,具肉骨粉固有气味。肉骨粉中粗蛋白质含量为 20%~50%,粗脂肪为 8%~16%,粗灰分为 25%~35%,赖氨酸为 1%~3%,含硫氨基酸为 3%~6%,钙为 7%~15%,磷为 3%~8%。因原料组成和肉、骨的比例不同,肉骨粉的质量差异较大,在饲用前要进行营养成分实测。

（11）血粉：是将家畜或家禽的血液凝成块后经高温蒸煮、压除汁液、

晾晒、烘干后粉碎而成,是一种非常规动物源性饲料。分为蒸煮血粉和喷雾血粉两种。因其较高的细菌含量,国内的血粉原料未经杀菌不可直接用于饲料的加工和混合。不同家畜的血液所加工成的血粉粗蛋白质含量不同,一般为60%~80%,水分一般控制在12%以内。血粉中含有多种微量元素,如钠、钴、锰、铜、磷、铁、钙、锌、硒等。其含铁量是所有饲料中最高的,钙、磷含量很低;所含的赖氨酸、亮氨酸、精氨酸、蛋氨酸、胱氨酸等是猪生长发育所必需的。

(12)羽毛粉:主要采用各种家禽羽毛,经分离杂质后,在高温高压条件下水解,然后烘干、粉碎得到成品。其突出特点是彻底破坏羽毛角蛋白质稳定的空间结构,使它变成猪可消化吸收的可溶性蛋白质,在配制猪饲料时可作为蛋白质的来源之一。羽毛粉的蛋白质含量高达80%,氨基酸组分比较均衡,且胱氨酸的含量较高,微量元素含量高于鱼粉。

二 青绿多汁饲料

青绿多汁饲料包括青饲料,块根、块茎及瓜类饲料,青贮饲料。

(1)青饲料:指天然水分含量在60%及以上的新鲜饲草、树叶、牧草等。如紫花苜蓿、苦荬菜、甘薯秧、水生青绿饲料、蔬菜类等。这类饲料来源广、产量高、成本低,富含胡萝卜素、粗蛋白质、多种维生素等,幼嫩多汁,适口性好,容易消化。青饲料要洗净生喂,不要熟喂。

(2)块根、块茎及瓜类饲料:如甘薯、马铃薯、甜菜、胡萝卜、南瓜等。

(3)青贮饲料:指在青绿饲料较多的季节,将新鲜的青绿饲料采用窖藏或大塑料袋藏等方式贮存起来,这种饲料叫青贮饲料。青贮饲料是长期保存青饲料营养物质和保持饲料多汁性的一种简单可靠的方法。青贮饲料适口性好,猪也喜食。

三 粗饲料

　　干物质中粗纤维含量在 18% 以上的饲料都称为粗饲料。如一些作物的秸秆、麦草、稻草等。其缺点是通常体积大,质地粗硬,难消化,可利用养分少,适口性差。优点是来源广,成本低。

四 矿物质饲料

　　矿物质饲料可为猪提供生长发育所需要的各种常量和微量元素。如骨粉、石粉、蛋壳粉、牡蛎粉、磷酸钙和磷酸氢钙等。

五 维生素及添加剂

　　维生素饲料主要是指工业合成或提纯的脂溶性维生素和水溶性维生素。常用的维生素有维生素 A 、维生素 D_3、维生素 E、维生素 K_3、维生素 B_2(核黄素)、维生素 B_1、维生素 B_{12}、烟酸、泛酸、叶酸以及胆碱等。 这里指的饲料添加剂不包括营养性饲料,主要是抗氧化剂、着色剂、防腐剂、防霉剂等。

▶ 第四节 猪饲料配制技术

一 全国和安徽省饲料工业的情况

　　根据相关数据,2021 年,我国商品饲料总产量为 2.93 亿吨。其中,配合饲料产量为 2.7 亿吨,浓缩饲料产量为 1 550 万吨,添加剂预混合饲料产量为 650 万吨,其他饲料产量为 100 万吨。

　　2021 年,安徽省商品饲料总产量为 1 059.35 万吨,首次进入全国千万吨饲料产量省份行列。其中,配合饲料所占比例上升明显,这说明安徽

省的养殖业越来越规模化、专一化。总产量居全国中等水平,但饲料产量与市场需求之间还存在较大差距。

二 主要的发展模式

我国饲料工业的主要发展模式为:

(1)"简混"模式(20世纪80年代之前):有啥喂啥,饲料工业极少。

(2)"全价配合粉料"模式(自20世纪80年代起):按配方生产工业化饲料的开始,饲料添加剂也开始应用。

(3)"多样化"模式(自20世纪90年代起):粉料、颗粒料、膨化料、浓缩料、预混料在市场上都可看见。

(4)"成熟"模式(自21世纪起):多种料型、多种产品、多种加工方式均出现。

三 猪场小型饲料加工厂(间)建设

1.小型饲料加工厂是现有饲料工业的必要补充

(1)饲料企业主体向大型化发展,但非规模化生猪生产仍占有一定的比重。

(2)主要饲料原料由农户分散种植、收购,导致中间买卖环节太多。

(3)难以准确地根据各地生猪品种、饲料原料成分以及生猪生产水平差异制定相应的针对性强的实用配方,小份额非常规饲料原料难以进入配方。

2.猪场小型饲料加工发展意义与可行性

能充分利用当地饲料资源,特别是易引起环境污染的非常规饲料源及原料。成品新鲜、运输加工成本较低。可有效利用农民手中余粮,解决农村富余劳动力问题。经济效益显著,社会效益与生态效益也十分显著。

专业人员作技术依托:配方可千变万化,地方特色化,营养全价化。

原料市场的发展:动物蛋白饲料、矿物饲料及预混料采购便捷。

国内配套的饲料小型化生产设备有时产 0.5 吨、1.0 吨与 2.0 吨三种规格,动力在 20 千瓦以内,占地面积 20~40 平方米。

（四）饲料原料或配合全价饲料的选购

充分收集当地饲料供货商信息。综合分析比较各供货商并确定供货商名单(规模较大的正规公司),合理安排采购时间,签订供货合同(标明饲料的主要营养成分,如豆粕标上粗蛋白含量等)。

（五）饲料配制原则

1.营养适宜

饲料配方中各营养成分之间达到平衡,特别要注意氨基酸的均衡。

2.体积适中

应注意猪的采食量与饲料体积大小的关系,体积过大吃不完,体积过小吃不饱;公猪饲料的体积过大,易造成垂腹。

3.适口性

适口性好的饲料多用,适口性差的少用。

4.灵活应用

选择适宜的饲养标准和饲料成分,通过饲养试验,观察猪的生长发育及生产性能,酌情进行修正。

5.粗纤维含量

仔猪饲料粗纤维含量不超过 3%,生长猪饲料不超过 6%,种猪饲料不超过 12%。

6.卫生指标

发霉变质和有毒性的饲料禁止使用。

7.优质廉价

应根据生产需要,提高配合饲料的档次,并根据市场价格变化,随时调整配方,以获得最佳经济效益。

8.多样化

合理搭配多种饲料,以发挥各种饲料的互补作用,提高饲料的利用率。

9.最终目标

(1)以降低饲养成本,提高养猪利润为目的。

(2)最适宜于猪群的饲料才是最好的。

(3)要根据养殖规模、品种、环境、阶段、猪的健康水平,以及原料价格等灵活制定和调整饲料配方。

六 饲料配制方法

1.对角线法

对角线法在饲料种类及营养指标均较少的情况下适用,但在采用多种饲料原料和多项营养指标的情况下,此方法显得烦琐且不能同时满足多项营养指标的要求。

例:现有市售蛋白质浓缩饲料,含粗蛋白质 41.0%,可供利用的混合能量饲料(玉米 60%、高粱 20%、小麦麸 20%)含粗蛋白质 9.3%,试为生长育肥猪配制含粗蛋白质 14%的饲粮。

配制步骤:

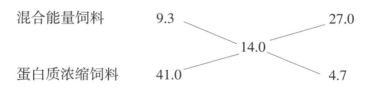

混合能量饲料　　　9.3　　　　　　　　27.0

14.0

蛋白质浓缩饲料　　41.0　　　　　　　　4.7

混合能量饲料应占比例=27/(27+4.7)×100%=85.17%

蛋白质浓缩饲料应占比例=4.7/(27+4.7)×100%=14.83%

则饲粮中：

玉米占比为 60%×85.17%=51.10%

高粱占比为 20%×85.17%=17.03%

小麦麸占比为 20%×85.17%=17.03%

由此可见,目标饲粮中玉米占 51.10%,高粱占 17.03%,小麦麸占17.03%,蛋白质浓缩饲料占 14.83%。

2.试差法

试差法又称为凑数法,即以饲养标准规定的营养需要量为基础,根据经验或参照经典配方,初步拟出饲粮中各种饲料原料比例,再以各饲料原料中能量和各种营养物质之和分别与饲养标准比较，若出现差额,再调整饲粮中饲料原料配比,直到满足营养需要量为止。

配制步骤如下：

(1)查饲养标准,明确猪对能量和各种营养物质的需要量。

(2)根据饲料营养价值表查出各种饲料中能量和营养物质含量。

(3)根据能量和蛋白质要求,初步拟定能量饲料和蛋白质饲料在饲粮中的配比,计算能量和蛋白质实际含量,并与饲养标准比较。通过调整,使之符合猪的营养需要。初步拟定饲料配方时,各类型饲料大致比例如下,见表3–2。

表3–2　各类型饲料比例

饲料种类	百分比/%
谷实类饲料	45～70
糠麸类饲料	5～15
植物性蛋白质饲料	15～25
动物性蛋白质饲料	3～7
矿物质饲料	5～7
微量元素和维生素添加剂	1～2
草粉类饲料	2～5

(4)用矿物质饲料和某些必需的添加剂,对饲料配方进行调整

　① 计算饲粮中钙、磷含量与差额;

　② 确定钙、磷源性饲料用量;

　③ 确定食盐用量;

　④ 确定微量元素和维生素添加剂用量;

　⑤ 确定必需氨基酸用量;

　⑥ 列出配方。

例:生长育肥猪(肉脂型)体重为35~60千克。现有玉米、大豆粕、小麦麸、鱼粉、贝壳粉、骨粉、食盐和多种饲料添加剂等,试用试差法配制符合上述营养需要的饲粮。

配制步骤:

(1)根据我国饲养标准,查出营养需要量,见表3-3。

表3-3　35～60千克生长育肥猪的营养需要

消化能/兆焦	粗蛋白质/%	钙/%	磷/%	食盐/%
12.97	14	0.50	0.41	0.30

(2)查饲料营养价值表,查出现有各种饲料原料中消化能与各种营养物质含量,见表3-4。

表3-4　饲料原料中各种营养物质含量

饲料	消化能/(兆焦/千克)	粗蛋白质/%	钙/%	磷/%
玉米	14.35	8.50	0.02	0.21
大豆粕	13.56	41.60	0.32	0.50
小麦麸	10.59	13.50	0.22	1.09
鱼粉	11.42	53.60	3.10	1.17
贝壳粉	—	—	32.60	—
骨粉	—	—	30.12	13.46

(3)根据饲料原料营养数据,初步拟出各种饲料原料用量,并计算其中消化能与粗蛋白含量,见表3-5。

表 3－5　初拟的猪饲粮配方

饲料	占饲粮百分比/%	消化能/兆焦	粗蛋白质/%
玉米	58	14.35×0.58＝8.323	8.5×0.58＝4.930
大豆粕	16	13.56×0.16＝2.170	41.6×0.16＝6.656
小麦麸	20	10.59×0.20＝2.118	13.5×0.20＝2.700
鱼粉	4	11.42×0.04＝0.457	53.6×0.04＝2.144
贝壳粉	2	—	—
合计		13.068	16.43

（4）调整配方。由表 3–5 可见,消化能与饲养标准相近,粗蛋白质比标准高 2.43 个百分点,故可调低大豆粕用量,使消化能与粗蛋白质含量符合饲养标准规定,见表 3–6。

表 3－6　初步调整后的猪饲粮配方

饲料	占饲粮/%	消化能/兆焦	粗蛋白/%
玉米	62	14.35×0.62＝8.897	8.5×0.62＝5.270
大豆粕	9	13.56×0.09＝1.220	41.6×0.09＝3.744
小麦麸	23	10.59×0.23＝2.436	13.5×0.23＝3.105
鱼粉	4	11.42×0.04＝0.457	53.6×0.04＝2.144
贝壳粉	2	—	—
合计		13.010	14.263

（5）计算饲粮配方中钙、磷的含量,见表 3–7。

表 3－7　猪饲粮配方中钙磷的含量

饲料	占饲粮/%	钙/%	磷/%
玉米	62	0.02×0.62＝0.012 4	0.21×0.62＝0.130 2
大豆粕	9	0.32×0.09＝0.028 8	0.50×0.09＝0.045
小麦麸	23	0.22×0.23＝0.050 6	1.09×0.23＝0.250 7
鱼粉	4	3.10×0.04＝0.124	1.17×0.04＝0.046 8
贝壳粉	2	32.60×0.02＝0.652	—
合计		0.867 8	0.472 7

由表 3-7 可见，饲粮中磷含量基本接近标准，而钙含量偏高，将贝壳粉比例调整为 1%即可，最后补足食盐和必要的饲料添加剂。将小麦麸用量适当调整，以使配制后的饲粮各成分占比数值之和为 100。至此，饲粮配制工作可告结束。最终的饲粮配方如下：

玉米 62%、大豆粕 9%、小麦麸 23.5%、鱼粉 4%、贝壳粉 1%、食盐 0.3%，必要的饲料添加剂 0.2%。

3.代数法

这是一种应用代数中求方程组的解的方法来计算每种饲料的配合比例，常用一次方程组的求解方法。从理论上说，代数法可以人工计算出多个饲料的配合比例，但饲料越多，方程也越多，人工计算就越困难。代数法常用来计算两种饲料的配合比例。现举例说明如下：

例：以玉米、豆粕为原料配制一 50 千克以上的育肥猪饲粮，其他添加成分按 2%计。

配制步骤：

第一步，查表确定玉米、豆粕的主要营养成分，见表 3-8。

表 3-8　主要饲料营养价值

种类	消化能/(兆焦/千克)	粗蛋白/%	钙/%	磷/%	赖氨酸/%	蛋氨酸/%
玉米	14.27	8.70	0.02	0.27	0.24	0.18
豆粕	13.18	43.0	0.32	0.61	3.45	0.64

第二步，确定营养需要或饲养标准。50 千克以上育肥猪主要营养需要指标见表 3-9。

表 3-9　50 千克以上育肥猪的主要营养需要指标

消化能/(兆焦/千克)	粗蛋白/%	钙/%	磷/%	赖氨酸/%	蛋氨酸/%
13.38	13.00	0.50	0.40	0.60	0.17

第三步，列方程计算。

解：设玉米在配方中占的配合比例是 x，豆粕在配方中占的配合比例

为 y。以粗蛋白（13%）为首先满足的营养需要指标，列出一个方程：

$$8.7x + 43y \quad = \quad 13$$

（玉米）（豆粕）（需要标准）

然后以配合比例为条件列出第二个方程。由于按 2% 考虑其他添加成分，所以玉米、豆粕配合结果要求满足 98%，即

$$x+y=0.98$$

则方程组为

$$\begin{cases} 8.7x+43y=13 \\ x + y =0.98 \end{cases}$$

用消元法解此方程组得

$$x=0.849\ 563$$

$$y=0.130\ 437$$

所以目标饲料配方配比为：玉米占比 84.956 3%，豆粕占比 13.043 7%。

第四步，验算结果，见表 3-10。

表 3-10　配方验算[*]

种类	配合比例/%	消化能/ （兆焦/千克）	粗蛋白/%	钙/%	磷/%	赖氨酸/%	蛋氨酸/%
玉米	84.956 3	12.12	7.39	0.017	0.23	0.20	0.15
豆粕	13.043 7	1.72	5.61	0.042	0.08	0.32	0.08
合计	98.00	13.84	13.00	0.059	0.31	0.52	0.23

注：[*] 营养指标各列数字等于配合比例乘以相应饲料营养含量所得。合计为各列数字相加。

验算结果表明，消化能和蛋氨酸满足需要有余。钙、磷、赖氨酸则不能满足需要。

第五步，平衡钙、磷和赖氨酸。

由表 3-8 至表 3-10 可知，钙尚差 0.441%，磷差 0.09%，赖氨酸差 0.08%。赖氨酸用合成的盐酸赖氨酸补充即可。

磷用磷酸氢钙满足（含磷18%），需添加磷酸氢钙量为0.5%（0.09%÷18%）。

钙需要量在补充磷时已提供0.115%（23%×0.5%），现还需0.326%，用碳酸钙0.815%（0.326%÷40%）补足。

第六步，完善配方，按需要完成其他非营养性添加剂的添加。

补充合成赖氨酸、磷酸氢钙和碳酸钙共1.395%，还余下0.605%用于补充维生素和微量元素混料以及其他添加成分（抗生素、抗氧化剂等）。比例不够，或相应减少玉米用量，或在最初平衡时多留一定比例，如3%，玉米、豆粕仅占97%。

4.计算机配方

计算机配方法是利用线性规划原理通过计算机平衡饲料配方并寻求最低成本配方，但存在计算机执行命令的机械性、投资昂贵、携带不方便等缺点。目前市售的配方软件很多，如金牧饲料配方软件VF123、资源配方师Refs3000和胜丰饲料配方软件3.0等。

（七）饲料原料与配合饲料的保管及安全用料

1.饲料的保管

破坏霉菌毒素产生的条件：饲料在加工、贮存、运输等过程中可从温度、湿度、饲料含水量等方面设法破坏适宜霉菌生长繁殖的条件，切断其生产链条，减少感染机会。梅雨季节中，饲料加工过程中须加入防霉剂或霉菌毒素吸附剂。常用防霉剂：乙酸、双乙酸钠、丙酸、丙酸铵、丙酸钠、丙酸钙、苯甲酸、苯甲酸钠、山梨酸、山梨酸钠、山梨酸钾、酒石酸等。

严格控制饲料原料的质量：主要是饲料原料含水率要控制在安全比例以下。饲料及原料要存放在干燥通风的地方，存放期不宜过长。库存饲料要做到先进先出，尽量缩短存放时间。

防止有毒有害物质污染饲料:会对饲料产生污染的有毒有害物质,包括农药、霉菌毒素、病原菌、有毒金属元素等。还要防止蟑螂、蝇、老鼠等造成的污染。

2.安全使用饲料

饲料原料(包括添加剂)应符合《饲料卫生标准》(GB 13078—2017)的规定;农业部(现农业农村部)发布的《饲料添加剂品种目录(2013)》(中华人民共和国农业部公告第 2045 号,2014 年 2 月 1 日实施)中列出了可以在动物饲料中安全使用的饲料添加剂品种目录,有 11 类(氨基酸、维生素、矿物元素、酶制剂、微生物、抗氧化剂、防霉剂、着色剂、抗结块剂、多糖和寡糖、其他类);饲料加工过程须符合《饲料卫生标准》(GB 13078—2017)的要求;标签须符合《饲料标签》(GB 10648—2013)的规定;饲料须符合《无公害食品 畜禽饲料和饲料添加剂使用准则》(NY 5032—2006)的规定。

八 饲料配方新技术

1.优质无公害饲料添加剂的应用

(1)饲用微生物添加剂:按猪不同生理发育阶段选择不同类型的饲用微生物添加剂(益生素、EM 微生物复合制剂等)。

(2)酶制剂:按猪不同生理发育阶段选择不同类型酶制剂。在猪日粮中着重应用小麦、杂粮专用酶制剂和植酸酶,可提高矿物质和氨基酸的吸收和利用,特别是提高钙、磷的利用率,还有减少猪粪便中磷的排泄量,减轻断奶仔猪应激和减少其腹泻发生的作用。

(3)大蒜素、糖萜素等中草药制剂:在中兽医理论和现代动物营养学指导下,选择不同的符合绿色饲料添加剂要求的中草药原料及其提取物,按猪不同生理发育阶段进行科学组方,促进猪的健康生长。

（4）饲料免疫增强剂：选用一些免疫增强剂，如甘露寡糖、果寡糖及维生素 C、维生素 E 等，筛选出适宜猪生长发育的饲料免疫增强剂种类。

（5）酸制剂：应用不同类型酸制剂（柠檬酸、乳酸、磷酸等）及复合酸制剂，重点在断奶仔猪（1 个月内）日粮中添加。

2.全价配合饲料配方新技术

（1）通过改进的方法快速测定玉米、豆粕、鱼粉、磷酸氢钙等常用原料的概略养分及抗营养因子的活性。根据实测结果，制定合理的饲料配方，如豆粕、鱼粉等高蛋白质饲料的粗蛋白质含量差异很大，上下限差异在 6% 左右，豆粕熟化度需通过测定脲酶活性和蛋白质溶解度来衡量。只有对每批原料进行及时检测，不断调整配方，才能保证配方的有效可行。以上主要针对大的养殖场，一般养殖户可以到有信誉的大养殖场购买饲料或饲料原料。

（2）炎热的夏季，由于高温应激的影响，会导致猪的采食量的下降，进而导致猪对饲料营养的摄入不足。针对这种情况应及时修订夏季饲料配方，在原配方的基础上，将粗蛋白质提高 1%~2%，适当提高消化能（200~600 千焦），同时提高氨基酸和维生素的用量，加入维生素 C 等抗应激药品，保证猪的正常生长发育。

（3）利用功能强大的最新的饲料配方软件，根据原料的可消化氨基酸及猪在不同生长阶段对蛋氨酸、赖氨酸、苏氨酸和色氨酸等氨基酸需要量的理想蛋白模式，配制出营养全价、价格适宜的目标最优化配方，按照相关标准进行无公害预混料及全价配合饲料的生产。

3.新型饲料的特点

（1）强调提高饲料的利用率，减少猪的排泄量，降低对环境的污染。

（2）强调最佳的猪的生产性能，提高饲料利用的经济性。

（3）强调安全性，即不使用违禁饲料添加剂和不符合卫生标准的饲料

原料,不滥用会对环境(土地、水资源等)造成污染的饲料添加剂。

（4）强调饲料的适口性和易消化性。

（5）强调改善猪肉产品的营养品质和风味。

（6）提倡使用有助于猪排泄物分解和去除异味的安全性饲料添加剂。

九 饲喂方式

1.分阶段饲养

早期断奶仔猪四阶段饲喂体系（哺乳仔猪前期 7 日龄至 15 千克、哺乳仔猪后期 15~30 千克、生长育肥猪前期 30~60 千克、生长育肥猪后期 60 千克至屠宰），以生长曲线模拟为主要手段的配方优化技术,以维护猪群整体健康水平和改善猪肉品质为出发点的营养调控技术等。

料型:颗粒料、粉料、湿拌料(料水比为 1:1)。

投料次数:仔猪自由采食;保育猪每日投喂 4~6 次;生长育肥猪每日投喂 3 次。

投料量:生长育肥猪每次采食应保证在 40 分钟内吃完,或每天按猪体重的 4%~6%的量来投喂。青饲料每日投喂 1 次,按体重的 3%的量投喂。生长育肥猪参考饲喂量见表 3-11。

表 3-11　生长育肥猪参考饲喂量

体重/千克	瘦肉型/(千克/天)	脂肪型、地方杂种/(千克/天)
30	1.40	1.30
40	1.70	1.60
50	1.90	1.80
60	2.15	2.00
70	2.35	2.10
80	2.55	2.30
90	2.70	2.40
100	2.90	2.50

生长各阶段营养需求：瘦肉型生长育肥猪每千克饲料养分含量见表3-12；地方杂交型生长育肥猪每千克饲料养分含量见表3-13；地方肉脂型生长育肥猪每千克饲料养分含量见表3-14。

表3-12　瘦肉型生长育肥猪每千克饲料养分含量(自由采食,88％干物质)

项目	体重阶段/千克				
	3～8	8～20	20～35	35～60	60～90
消化能/兆焦	14.02	13.6	13.39	13.39	13.39
粗蛋白质/％	21.00	19.00	17.80	16.40	14.50
赖氨酸/％	1.42	1.16	0.90	0.82	0.70
(蛋氨酸＋胱氨酸)/％	0.81	0.66	0.51	0.48	0.40
苏氨酸/％	0.94	0.75	0.58	0.56	0.48
色亮氨酸/％	0.27	0.21	0.16	0.15	0.13
异亮氨酸/％	0.79	0.64	0.48	0.46	0.39
钙/％	0.88	0.74	0.62	0.55	0.49
磷/％	0.74	0.58	0.53	0.48	0.43
非植酸磷/％	0.54	0.36	0.25	0.20	0.17
钠/％	0.25	0.15	0.12	0.10	0.10
氯/％	0.25	0.15	0.10	0.09	0.08

表3-13　地方杂交型生长育肥猪每千克饲料养分含量(自由采食,88％干物质)

项目	体重阶段/千克				
	5～8	8～15	15～30	30～60	60～90
消化能/兆焦	13.80	13.60	12.95	12.95	12.95
粗蛋白质/％	21.00	18.20	16.00	14.00	13.00
赖氨酸/％	1.34	1.05	0.85	0.69	0.60
(蛋氨酸＋胱氨酸)/％	0.65	0.53	0.43	0.38	0.34
苏氨酸/％	0.77	0.62	0.50	0.45	0.39
色亮氨酸/％	0.19	0.15	0.12	0.11	0.11
异亮氨酸/％	0.73	0.59	0.47	0.43	0.37
钙/％	0.86	0.74	0.64	0.55	0.46
磷％	0.67	0.60	0.55	0.46	0.37
非植酸磷/％	0.42	0.32	0.29	0.21	0.17
钠/％	0.25	0.15	0.12	0.10	0.10
氯/％	0.25	0.15	0.10	0.09	0.08

表 3 - 14　地方肉脂型生长育肥猪每千克饲料养分含量(自由采食,88％干物质)

项目	体重阶段/千克		
	15～30	30～60	60～90
消化能/兆焦	11.70	11.70	11.70
粗蛋白质/％	15.00	14.00	13.00
赖氨酸/％	0.78	0.59	0.50
(蛋氨酸＋胱氨酸)/％	0.40	0.31	0.28
苏氨酸/％	0.46	0.38	0.33
色亮氨酸/％	0.11	0.10	0.09
异亮氨酸/％	0.44	0.36	0.31
钙/％	0.59	0.50	0.42
磷/％	0.50	0.42	0.34
非植酸磷/％	0.27	0.19	0.13
钠/％	0.12	0.10	0.10
氯/％	0.10	0.09	0.08

2.夏季饲养管理

育肥猪最适宜的环境温度为 16~22℃，环境温度超过 30℃要给猪体表冲水进行防暑降温。要保持圈舍清洁卫生,每日清扫 2~3 次,灭蝇、灭鼠。配合饲料要现配现喂,禁用霉变饲料,转群前后可适当添加一些电解多维,以减少应激。应提供充足的清洁饮用水,有条件的可喂青绿饲料,以防便秘。善待猪群,减少驱赶,避免鞭打,以防应激。

附:常用术语简介

总能　饲料完全燃烧所释放出的热量,叫饲料总能,也称粗能。

消化能　饲料总能(完全燃烧所释放出的热量)中减去粪能值后的能值,也称表观消化能。猪的饲养标准中多采用消化能指标。

代谢能　从饲料总能中减去粪能和尿能（对于反刍动物还要减去甲烷能)后的能值,也称表观代谢能。家禽一般采用代谢能,猪也可用代谢能。

热量增耗　在绝食动物采食后的短时间内,体内产热量多于采食前

产热量的差值,即为热量增耗。

净能　饲料代谢能减去热增耗后,即是饲料净能。

总磷　饲料中有机磷和无机磷的总和。

有效磷　饲料总磷中可为饲养动物利用的部分,非植酸磷近似有效磷,可依饲喂对象的不同相应折算。

粗蛋白　饲料中的含氮量乘以 6.25。

国际单位(IU)　表示抗生素效价和维生素活性的一种单位。

日粮　指一头(只)动物一昼夜采食的各种饲料数量。

饲粮　实际生产中,单独饲喂一头(只)动物是很少的,绝大多数是群养,故在实际工作中为同一生产目的的动物群体按营养需要量配制大批量(全价)配合饲料,然后分次投喂。将这类由多种饲料原料按动物营养需要量科学配方配制的批量性(全价)配合饲料称为饲粮。

▶ 第五节　生猪无抗饲料方案

一　教槽料(7 日龄至仔猪断奶日)

添加复合植物提取物 700 克/吨。复合植物提取物由肉桂醛预混剂(有效含量 10%)和丁香酚(有效含量 10%)按 2:1 比例混合而成。

二　保育料(7~30 千克阶段)(两种方案)

(1)添加复合植物提取物 250~500 克/吨。复合植物提取物由肉桂醛预混剂(有效含量 10%)和丁香酚(有效含量 10%)按 2:1 比例混合而成。

(2)保育猪后期(15~30 千克阶段)可添加 2%发酵中草药饲料添加剂(用连翘、金银花、杜仲、黄芪、蒲公英、山楂等配制,通过乳酸菌和酵

母菌发酵而成)。

三 生长育肥猪饲料(30 千克至上市)(三种方案)

(1)肉桂醛制剂(含量 20%)300 克/吨替代吉他霉素。

(2)止痢草提取物 250 克/吨替代吉他霉素。

(3)添加 2%发酵中草药饲料添加剂(用连翘、金银花、杜仲、黄芪、蒲公英、山楂等配制,通过乳酸菌和酵母菌发酵而成)。

第四章

生猪饲养管理

第一节　种公猪的饲养管理

种公猪的质量对猪场至关重要,可直接影响到整个猪场的生产水平,民间有"母猪好,好一窝;公猪好,好一坡"之说。种公猪的生长速度、饲料转化率和背膘厚度等均有中等和高等的遗传力,所以选择好和饲养好种公猪意义非常重大。

种公猪的作用:对生产后代的数量、后代生长速度和胴体品质的影响远超过母猪对这些指标的影响。

种公猪饲养目标:维持合适的膘情,保持体表卫生,肢蹄强壮,性欲旺盛,精液品质好,生精量大。

饲养重点:日粮的配合与投喂,营养,运动,种公猪的合理利用。

一　种公猪生殖(生理)特点

(1)射精量大:成年种公猪每次射精量为 200～400 毫升。

(2)总精子数目多:1.5 亿 / 毫升。

(3)交配时间长:交配时间一般为 5～10 分钟。

(4)精液的组成:精子占 2%～5%,附睾分泌物占 2%,精囊分泌物占 15%～20%,前列腺分泌物占 55%～70%,尿道球腺分泌物占 10%～25%。

二 种公猪的饲养

1.营养需要

种公猪的营养需要与妊娠母猪相近。

体重 75 千克以下的后备公猪饲养管理与生长猪相同;体重 75 千克以上的后备公猪逐步改喂公猪料。

生产中根据种公猪的类型、负荷量、圈舍和环境条件等评定猪群,特殊条件下应对营养做适当的调整。

2.饲养方式

(1)一贯加强的饲养方式。全年均衡保持高营养水平,适用于常年配种的公猪。

(2)配种季节加强的饲养方式。实行季节性产仔的猪场,种公猪的饲养管理分为配种期管理和非配种期管理,配种期饲料的营养水平和饲料喂量均高于非配种期。于配前 20~30 天增加 20%~30% 的饲料量,配种季节保持高营养水平,配种季节过后逐渐降低营养水平至正常水平。

3.饲喂技术

(1)定时定量:八至九成饱,1 天 1 次或 2 次投喂,投喂量每天 2.3~3.0 千克,喂料前后 1 小时内不宜配种。

(2)全天 24 小时提供新鲜的饮水。

(3)以精料为主,适当搭配青绿饲料,尽量少用碳水化合物饲料,保持中等腹部,避免造成垂腹。

(4)宜采用生干料或湿拌料,采用生理酸性日粮,提高精液质量。

(5)公母猪采用不同饲料类型,以增加生殖细胞差异。

(6)保持八至九成膘。

三 种公猪的管理

1.加强运动

(1)运动的作用:可促进新陈代谢,增强种公猪的体质,提高精子活力。

(2)运动的要求:除在运动场自由运动外,还要进行驱赶运动。上下午各运动1次,每次行程2千米左右。夏季可在早晚凉爽时进行,冬季可在中午运动1次。如果有条件,可利用放牧代替运动。但配种前后1小时内不宜运动。

2.刷拭和修蹄

刷拭和修蹄可以促进种公猪的血液循环和防止肢蹄病发生。

3.单圈饲养

将种公猪单圈饲养可以避免异性刺激,也可避免种公猪间的咬架行为。

4.定期检查精液品质

对于实行人工授精用的种公猪,每次采精都要检查精液品质。如果采用本交方式,每个月也要检查1~2次精液品质。特别是后备种公猪开始使用前和由非配种期转入配种期前,都要检查精液2~3次,严防死精种公猪配种。

5.防寒防暑

种公猪最适宜环境温度是18~20℃,若环境温度超过35℃,种公猪的精液品质会下降。冬季时圈舍要有取暖和保暖措施,夏季可安装淋浴器或电风扇进行防暑降温。

6.搞好疫病防治和日常的管理工作

定期对种公猪进行免疫接种,对种公猪体表和环境进行驱虫。加强饲料检测,养成良好的生产生活规律。注意圈舍的通风、消毒,发现感染疾

病的猪,要及时进行隔离并采取治疗措施。

四 合理利用

1.初配年龄和体重

在实际生产中,一般要求小型早熟品种公猪在 7~8 月龄、体重 75 千克左右时可进行配种;大中型品种在 8~9 月龄、体重 100 千克左右时配种。

2.配种强度

经训练调教后的种公猪,一般每周采精 1 次,12 月龄后,每周可增加至 2 次,成年种公猪每周采精 2~3 次。青年种公猪每周配种 2~3 次,2 岁以上种公猪可每天配种 1 次,必要时可每天 2 次,但具体得看种公猪的体质、性欲、营养供应等,灵活掌握。如果连续使用,应每周休息 1 天。

3.配种比例

本交时公母猪性别比为 1:(20~30);人工授精理论上可达 1:300,实际操作中一般按 1:100 配备。

4.利用年限

公猪繁殖停止期为 10~15 岁,一般使用 6~8 年,以青壮年 2~4 岁种公猪为最佳。实际生产中,种公猪的使用年限一般在 2 年左右。

五 种公猪的淘汰原则

(1)凡性欲低下,经调教及药物处理仍无改善的后备种公猪应及时淘汰。

(2)凡睾丸出现器质性病变(如萎缩、硬化等)的种公猪应及时淘汰。

(3)精液品质差,受胎率低,配种窝产仔数少的种公猪应予以淘汰。

(4)肢蹄疾病严重,影响配种使用的种公猪应予以淘汰。

(5)三周岁以上的种公猪,种用价值降低,也应考虑淘汰。

六 种公猪的调教

大中型品种后备种公猪在 8~9 月龄,体重在 100 千克左右时,可开始调教配种或采精。

调教方法:将发情旺盛期母猪的尿液或分泌物涂在假母猪后部,公猪进入采精室后,让其先熟悉环境。种公猪很快会去嗅闻、啃咬假母猪或在假母猪上蹭痒,然后就会爬跨假母猪。如果种公猪比较胆小,可将发情旺盛期母猪的尿液或分泌物涂在麻布上,让种公猪嗅闻,并逐步引导其靠近和爬跨假母猪。同时可轻轻敲击假母猪以引起种公猪的注意。必要时可录制发情母猪求偶时的叫声在采精室播放,以刺激种公猪的性欲,帮助完成采精。

七 人工授精的操作规程

1.种公猪的管理

在公猪站里对种公猪进行良好的管理,调教后备种公猪,进行精液采集。

(1)对种公猪进行良好的管理至关重要

①饲料的质量对用于人工授精种公猪所产生的精液质量和数量的影响很大。

②种公猪的体况太肥或太瘦都会造成精液质量的下降。

③营养不平衡的饲料会导致种公猪的性欲下降和其他一些问题。

④质量差的饲料=低浓度的精液+低质量的精液+低数量的精液。

⑤种公猪适宜的环境温度为 20℃左右,空气相对湿度为 70%左右。

⑥经常的运动及定期的采精,可使种公猪保持旺盛的性欲。

⑦常规的免疫计划和驱虫方案可使种公猪保持最佳的健康水平。

⑧严格测试新引进的种公猪。每头人工授精用的种公猪每年将产生

2 000 个后代,所以对其精液质量的检测是必需的工作。

（2）对新种公猪的驯化与调教

①大多数的种公猪都会试着爬跨能接触到的物体。

②因种公猪品种的不同,其性欲表现也不同。

③确认假母猪台上已经涂抹好发情期母猪的尿液或分泌物。

④让新种公猪观看一次有经验的种公猪的采精过程。

⑤确保年轻种公猪不会产生疑惑。

⑥使新种公猪集中注意力于假母猪台的正确位置处。

⑦保持足够耐心。每天驯化新种公猪不要超过 30 分钟。

⑧不要生气、愤怒或击打种公猪,如此会导致种公猪失去信心。

（3）种公猪的精液采集过程

①采精是第一个步骤,也是最容易受到污染的阶段。准备好采精杯,放上采精袋和过滤纸,预热到 37℃。把预热好的采精杯放入保温的精液运送箱中,然后拿到采精区域待用。

②把种公猪赶到采精区域,然后诱导其爬上假母猪。把采精杯从精液运送箱中取出,放在一个安全和容易随手拿到的地方。

③戴上双层手套,用干净的纸巾擦洗种公猪包皮囊。然后脱掉外层手套,用手握住种公猪阴茎,诱导种公猪把阴茎全部伸出来。让种公猪第一次射出的液体流在地上,然后用干纸巾擦干净。

④当奶油状白色的液体开始流出来时,用采精杯采集。继续采集直到种公猪完全停止射精。

⑤马上把集有精液的采精杯放入保温运送箱中,不要拿掉过滤纸。把保温运送箱放在转移窗口中,关上窗口的门。

⑥让种公猪自己从假母猪上下来(不要推它或催它),然后把种公猪赶回猪栏中,再准备下一头种公猪的采精。

注意:很多精液从一开始采集时就被污染了,破坏了精液的质量。我们必须在采集时保护精液不受外界物质或温差变化的影响。

2.精液的处理

(1)精液品质检查

①精液量:后备种公猪一般每次可采集 150~200 毫升,成年种公猪每次可采集 200~400 毫升。

②精子密度:一般为每毫升 2 亿~3 亿个精子。

③颜色:正常精液的颜色为乳白色或灰白色,精子密度越大,颜色越白。

④气味:具有公猪特有的微腥味。

⑤黏稠度:精液密度大,黏稠度高;反之,则低。

⑥精液 pH:pH 是中性或微碱性。

⑦精子活力:精子成活率高于 70% 为正常,为 0.7 级。

(2)精液的稀释

①稀释液的准备:稀释剂有多种配方,分短期保存和长期保存,用短效稀释剂一般要在 3 天内使用,用长效稀释剂可保存 5~8 天,能确保精子活力 ≥0.7 。常用稀释剂配方见表 4-1。

表 4-1　常用稀释剂配方

类型	KIEV	BTS	ZORPVA
葡萄糖/克	6.000	3.700	1.150
柠檬酸钠/克	0.370	0.600	1.165
碳酸氢钠/克	0.120	0.125	0.175
乙二胺四乙酰二钠/克	0.370	0.125	0.235
氯化钾/克	—	0.075	1.000
青霉素/(国际单位/毫升)	500	500	500
链霉素/(毫克/毫升)	0.500	0.500	1.090
蒸馏水加至/毫升	100	100	100
保存天数	2	3	5

②稀释头份的确定：人工授精的正常剂量一般为 1 个剂量 30 亿~50 亿个精子，体积为 80~100 毫升，浓度为 0.3 亿~0.5 亿/毫升。一般情况，同一种稀释液，精子密度越大，所消耗能量越多，保存时间越短。

③稀释的方法：稀释前，稀释液的温度和精液温度相差不能超过1℃，根据计算好的稀释头份，用量杯量取稀释液的体积，或按 1 毫升精液或稀释液约等于 1 克，用精密电子天平直接称量，将稀释液顺着盛放精液的量杯慢慢注入，并不断用玻璃棒搅拌，以促进混合均匀。

（3）精液包装。精液的包装有瓶装和袋装两种。稀释后的精液分装后，不同品种用颜色区分，并粘贴标签。瓶装精液分装起来比较方便，而输精时袋装的比瓶装的易操作使用。

（4）精液的保存。分装后的精液，不能立即放入 17℃的恒温箱内，要先留在箱外 1 小时左右，让其温度缓慢下降，因为温度下降过快会刺激精子，造成死精子增多。从放入恒温箱开始，每隔 12 小时，要摇匀 1 次精液，因精液放置时间一长会产生沉淀。每次摇动都应有摇动时间和操作人员的记录。

（5）精液的运输。对于远距离购买精液的猪场，运输的过程是一个关键的环节。高温季节，一定要在双层泡沫保温箱中放入冰袋，再放入精液进行运输，以防止气温过高，导致死精太多；严寒季节，要用保温用的恒温乳胶或棉花等在保温箱内保温。现在大多数猪场都已使用恒温运输箱来运输精液。

3.输精技术

（1）输精时机

①断奶后 3~4 天发情的经产母猪，出现静立反应后 24 小时进行第 1 次输精，间隔 18~24 小时进行第 2 次输精。

②断奶后 5~7 天发情的经产母猪，出现静立反应后 8~12 小时进行

第 1 次输精,间隔 12~18 小时进行第 2 次输精。

③后备母猪和断奶后 7 天以上发情的经产母猪,出现静立反应后马上输精,间隔 12 小时进行第 2 次输精。

④注射激素发情的母猪,出现静立反应后马上输精,间隔 8~12 小时进行第 2 次输精。

(2)输精前准备

①镜检:检查精液质量,确保精子活力≥0.7,死精率<20%。

②清洁:输精人员的手指甲要剪平磨光滑,用 75%的酒精消毒手臂,干燥后戴上薄膜手套,将母猪外阴部冲洗干净,并用毛巾擦干。

③输精管:有一次性的和多次性的两种。对于多次性输精管,每次使用前均要严格清洗、消毒,使用前最好先用精液洗一次。

(3)输精操作(图 4-1)

①配种员操作前要先洗手并戴上乳胶手套。

②用消毒水、清洁水冲洗母猪阴户,再用干纸巾擦净阴门。

③应用压背和摩擦下腹部来预先刺激母猪。

④从塑料袋中取出一次性输精管,在输精管头部涂上润滑剂(或涂上精液)。

⑤轻轻将母猪阴唇分开,以向上 45°角轻轻插入输精管,并呈逆时针转动。

⑥继续插入输精管直到输精管顶端被"锁定"在母猪子宫颈部位。

⑦从保温运输箱中取出输精瓶,慢慢转动以混合精液,用剪刀剪掉瓶盖顶端。

⑧把输精瓶插入输精管,尽量抬高输精瓶以使精液顺利通过输精管流入母猪体内,并靠在母猪背上或压背刺激母猪,促进母猪催产素的释放,发情母猪利用子宫收缩功能把精液吸到体内。输精时不要太快,一般

3~5 分钟完成。

⑨一旦输精瓶完全空了就要丢弃,并堵塞或弯折输精管,不要让空气进入输精管。输精过程完成后,继续握住输精管,防止精液倒流,并人为刺激和保留输精管在母猪阴道内至少 30 秒钟。接着按顺时针方向旋转取出输精管。

图 4-1 猪人工输精操作

(4)输精剂量。一般输精剂量不低于 20 毫升,有效精子密度不低于 0.3 亿/毫升,达到这种剂量和标准输精效果会比较好。瘦肉型母猪的输精量与地方品种猪有较大差异。瘦肉型经产母猪输精剂量要保证达到 100 毫升,后备母猪要保证有 80 毫升,地方品种猪输精剂量有 40 毫升即可。

4.输精过程中注意事项

(1)一次性输精管的海绵头被锁在子宫颈里,母猪自然的子宫收缩功能将在 3~10 分钟内把精液吸收到体内。当输精瓶中精液输完时,让输精管在母猪体内再停留至少 30 秒,接着按顺时针方向旋转取出输精管。

（2）当输精管头部还紧紧锁在子宫颈里,不要用力往外拉,输精完成后把输精管后部弯折过来,以防止精液倒流。当母猪放松时,输精管会自动掉下来。如果输精管拉出来了而海绵头留在了母猪体内,不要着急,给这头母猪做上记号,海绵头会像在自然交配中母猪把胶状物排出体外一样排出。

5.人工授精所需主要设备

（1）仪器及设备。显微镜(单、双目)、相差显微镜、数显恒温水浴锅、17℃恒温箱(80升)、短程精液运输箱、车载恒温精液运输箱、稀释粉(配1升双蒸水)、合成精浆粉等。

（2）输精工具。多次性输精管、一次性输精管、子宫颈后段输精管、润滑剂等。

▶ 第二节　后备母猪的饲养管理

后备母猪是猪生产学上的术语,通常是指 4 月龄以上被选留后到参加初次配种期间的母猪。

一 初配年龄和体重

我国地方品种猪性成熟较早(一般公猪为 2~3 月龄,母猪为 3~4 月龄),而引进品种猪性成熟晚(公猪为 4~5 月龄,母猪为 5~6 月龄)。

初次配种时间:地方品种后备母猪应在 6~8 月龄,体重 50~60 千克开始配种;引进品种后备母猪应在 8~9 月龄,体重 100~120 千克配种为宜。

一般在第 3 个发情期进行初次配种。

二 营养要求

在青年母猪发育时期，饲喂含有全价蛋白质和氨基酸平衡的饲料是非常重要的。为了使后备母猪更好地生长发育,有条件的猪场可定期饲喂优质的青绿饲料。

三 饲养方式

后备母猪 90 千克前自由采食,90 千克后限制性饲养。直接用干粉料或颗粒料投喂,分早晚两次,每头每天投喂 2.0~2.5 千克饲粮,具体可视情况适当调整。配种前的 15 天,要加大投喂料量,以促使母猪发情排卵,增加排卵数。

四 母猪的管理

（1）加强运动,除在运动场运动外,还要进行驱赶运动。

（2）后备母猪宜小群低密度饲养,一般每栏数量不超过 6 头,每头占地面积不低于 1.5 平方米,且同栏猪只体重不要相差太大。

（3）对于瘦肉型品种,在第一次配种前,如果限制母猪饲料摄入量将会导致减少背膘,影响其繁殖性能。如果背中部脂肪厚度小于 7 毫米,就会发生繁殖方面的问题了。

（4）加强猪群调教训练,利用清理栏舍、喂食之便,经常对猪只进行抚摩、轻拍,使其感受亲善行为,避免后期生产管理中因怕人而受惊吓,造成流产现象。

（5）注意观察母猪发情现象。引进品种,一般 6~7 月龄、体重 90~100 千克的后备母猪往往有发情症状:食量减少,烦躁不安,阴部肿胀发红。此时不宜配种,一般在两次发情过后,在 7~8 月龄、体重 110 千克以上,第三次发情才开始配种生产。早熟的地方品种在 6~8 月龄、体重 50~60 千

克配种较合适。

（6）用公猪去刺激发育成熟的母猪，能获得较高的发情率和受胎率。

（7）做好配种前的疫苗注射及其他日常管理工作。准备配种前两个月给母猪注射细小疫苗、乙脑疫苗、猪瘟疫苗等，新购进种猪应按免疫程序全部注射一次疫苗。

▶ 第三节　空怀母猪的饲养管理

空怀母猪是指未配种或配种未孕的母猪，包括青年后备母猪和经产母猪。缩短空怀母猪的空怀时间是提高猪场养殖经济效益的关键之一。

一 短期优饲——促进发情排卵

母猪断奶前后 3 天减料，以预防乳房炎的发生，再进行短期优饲，促进发情排卵，一般在断奶后 1 周左右发情。优饲对产仔多、泌乳量高或哺乳后体况差的经产母猪以及头胎母猪更为重要，即在维持需要的基础上提高 50%~100%，饲喂量为每天 3~3.5 千克，可促使母猪排卵。对后备母猪，在准备配种前 10~14 天加料，可促使母猪发情，多排卵，每天饲喂量可在 2.5~3.0 千克。但具体应根据猪只的体况增减，配种后应逐步减少饲喂量。

二 空怀母猪的饲养

断奶到再配种期间，给予适宜的日粮水平，促使母猪尽快发情，释放足够的卵子，受精并成功着床。

初产青年母猪产后不易再发情，主要是体况较差造成的。因此，要为体况差的青年母猪提供充足的饲料。配种后，要立即减少饲喂量到维持

水平。对于正常体况的母猪每天的饲喂量为 1.8 千克。在炎热的季节,母猪的受胎率常常会下降,在日粮中添加一些维生素,可以提高受胎率。"空怀母猪八成膘,容易怀胎产仔高。"

目前,许多国家把沿着母猪最后肋骨在背中线下 6.5 厘米的 P2 点的脂肪厚度作为判定母猪标准体况的基准,并根据母猪 P2 点背膘厚度来制定科学合理的饲喂指南。作为高产母猪应具备的标准体况(评分值):断奶后应在 2.5,妊娠中期应为 3,产仔期应为 3.5。

三 空怀母猪的管理

1.饲养方式

单栏饲养:活动范围小,可在母猪对面饲养公猪,以促进母猪发情。

小群饲养:将 4~6 头同时断奶的母猪养在同一栏内。群饲空怀母猪可促进发情,特别是群内出现发情母猪后,由于爬跨和外因素的刺激,可诱导其他母猪发情,同时便于观察和发现发情母猪。

2.日常管理

早、晚两次观察并记录空怀母猪的发情状况。喂食时观察其健康状况,及时发现和治疗病猪,提供一个干燥、清洁、温湿度适宜、空气新鲜的环境,否则将影响母猪发情排卵和后续的配种受胎。

四 母猪的发情与配种

1.发情周期

母猪本次发情开始,到下次发情开始所间隔的时间称为一个发情周期,分为发情前期、发情中期、发情后期和休情期四个阶段。母猪的发情周期一般为 18~23 天,平均为 21 天。

2.发情持续期

母猪发情持续期因品种、个体、季节、年龄而异,短则 1 天,长则 6~7

天,平均 3~4 天。发情持续期一般在春季短,秋冬季稍长;国外品种短,地方品种稍长;老龄母猪较青年母猪短。

3.发情期表现

(1)行为方面。对外界反应敏感,兴奋不安,食欲减退,鸣叫,爬栏或跳栏,爬跨其他母猪,频频排尿。随着发情进展,手按其背腰部或臀部表现呆立不动,弓背竖耳,举尾不动。发情后期,相对安静,喜欢躺卧,并拒绝公猪爬跨,精神逐渐恢复正常。

(2)母猪发情期的阴户表现,见表 4-2。

表 4-2　母猪发情期的阴户表现

阶段	发情前期	发情中、后期
外阴户	微红肿	充血肿胀到透亮(末期紫红皱缩)
黏液	量少	量多
	水样	黏稠
	透明	半透明(乳白色)
阴道	浅红	深红
	干涩	润滑

4.母猪不发情原因及促进措施

(1)母猪不发情原因

①遗传原因:如染色体畸变、子宫发育不全等。

②营养因素:如饲养不当、营养不全价等。

③内分泌异常:如卵泡囊肿、持久黄体等。

④病理性:如子宫炎、弓形体病等。

(2)促进母猪发情排卵措施

①改善饲养管理:根据母猪膘情,提高饲喂水平,增加青饲料投喂,并促其运动,调整体质,以利于母猪发情。

②公猪诱情：将不发情的母猪与公猪圈养在一栏，让公猪追逐、爬跨来促进母猪发情。

③仔猪提前断奶：在实际生产中，仔猪一般在 35 日龄断奶。如果采取提前断奶的措施，可以使母猪在断奶后 1 周左右出现正常发情。

④并窝：将产仔较少的母猪所产仔并为一窝，让另一头哺乳力强的母猪哺育，这样，断奶母猪可提前发情配种。

⑤合群并圈：把不发情的空怀母猪合并到发情母猪的圈内饲养，通过其他母猪爬跨等刺激，促进空怀母猪发情排卵。

⑥按摩乳房：每天早晨饲喂后，用手掌对母猪每个乳房进行表层按摩 10 分钟左右，经过几天母猪有了发情征兆后，再进行表层和深层按摩乳房各 5 分钟。在配种当天深层按摩 10 分钟。

⑦激素催情：对不发情的母猪可以用孕马血清、绒毛膜促性腺激素等催情。一般每头母猪肌内注射孕马血清 1 500~2 000 单位，次日再肌内注射绒毛膜促性腺激素 1 000~1 500 单位，一般 3~4 天后可发情配种。

⑧药物冲洗：由于子宫炎引起的配后不孕，可在母猪发情前 1~2 天，用 1% 的食盐水或 1% 的高锰酸钾冲洗子宫，再用 1 克金霉素（或四环素、土霉素）加 100 毫升蒸馏水注入子宫，隔 1~3 天再进行一次，同时口服或注射磺胺类药物或抗生素。

⑨使用中药方剂：

处方一：当归 15 克，川芎 12 克，白芍 12 克，熟地 12 克，小茴香 12 克，乌药 12 克，香附 15 克，陈皮 15 克，白酒 100 毫升。水煎内服，每日 2 次。

处方二：淫羊藿 50~80 克，对叶草 50~80 克，益母草 30~50 克，山当归 20~40 克，水煎内服。

5.临床适配（五看）

一看阴户，充血红肿—紫色暗淡—皱缩；

二看黏液,分泌的黏液浓稠浑浊,粘有垫草时可以配种;

三看表情,当出现静立反应时配种受胎率最高;

四看年龄,"老配早,小配晚,不老不小配中间";

五看品种,地方品种晚配,培育品种、杂交品种配中间,国外品种早配。

注意:强迫配种的受胎率较低;为防止漏配,有时需用公猪进行试情;另外,有些母猪对公猪有选择性。

适宜时间:应在发情中期进行配种。具体为在母猪出现静立反应或接受爬跨后8~12小时进行第1次配种(一般在早上或傍晚天气凉爽时进行),再过8~12小时进行第2次配种。

6.配种方式

(1)单次配种:母猪在一个发情期内,只用一头公猪交配1次。

(2)重复配种:母猪在一个发情期内,用同一头公猪先后配种2次,间隔8~12小时。

(3)双重配种:母猪在一个发情期内,用不同品种或同一品种的两头公猪先后配种2次,间隔10~15分钟。

(4)多次配种:母猪在一个发情期内,用同一头公猪先后配种3次或3次以上,每次间隔8~12小时。

7.配种方法

(1)自然交配

①自由交配:让公猪和发情待配的母猪同关在一栏内饲养,让其自由交配。

②人工辅助交配:将公母猪分开饲养,发情配种时,把母猪赶到固定交配地方(一般在原圈舍内),然后赶入配种计划指定的与配公猪,交配后公母猪再分开饲养。

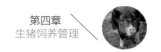

（2）人工辅助交配措施

①选配种场所：位置要远离公猪舍。场地要保持安静、清洁、无异物。场地平坦，不打滑。雨天、冷天安排在室内进行。

②选择有利交配时间：饲喂前后 2 小时。冷天选中午，夏季选早晚。

③交配前准备工作：将公猪外生殖器用 0.1%高锰酸钾溶液冲洗。对于长期没配种的公猪，应将其衰老精液弃除。

④配种过程中注意事项：稳住母猪，并将尾巴轻轻拉向一侧；用手拉开公猪包皮并顺势导入阴道。注意保护猪只安全。

⑤配种结束后注意事项：手按母猪背腰部或轻拍其后臀，以防精液倒流，切忌让母猪躺下，可让其自由活动一段时间；公猪马上回舍，不得立即饮水或进食，更不能洗澡。工作人员及时记录。

⑥特殊情况处理：如公母猪体格差异较大时，要用配种架或人工辅助。

五 母猪淘汰的原则

1.正常淘汰

对年龄较大、生产性能下降的母猪应予以淘汰。

传统圈舍饲养，母猪一般利用 7~8 胎，年更新比例为 25%左右；集约化饲养，母猪一般利用 6~7 胎，年更新比例为 30%~35%。

2.异常淘汰

后备母猪长期不发情，经药物处理后仍无效者淘汰；后备母猪虽有发情，但正常公猪连续配种两期未能受孕者淘汰；能正常发情、配种，但生产性能低下，产仔数低于盈亏临界点的应淘汰（一般头三胎累计产仔低于 24 头；2~4 胎累计产仔低于 26 头；第 3 胎后连续三胎累计产仔低于 27 头者均应淘汰）；出现假孕现象母猪应淘汰；母性较差，易压死仔猪或有咬、吃仔猪之恶习者应淘汰；出现肢体疾病，严重影响生产者应淘汰。

第四节　妊娠母猪的饲养管理

对母体来说,从精子与卵子结合,胚胎着床,胎儿发育直至分娩,这一时期称为妊娠期。妊娠期约占母猪整个繁殖周期的三分之二,一般为110~120天,平均为114天。

一　母猪妊娠阶段的划分

1.两阶段划分法

以85天(或90天)为界,将母猪妊娠期划分为妊娠前期和妊娠后期。前期饲喂基本满足维持需要的饲料量,即使体重没有显著增加,一般良种猪大概给料量为每头每天2千克。妊娠后期逐渐增加给料量,平均每天3千克。通过增加饲料投喂量,使母猪妊娠期间的体重比断奶时增加30~45千克。

2.四阶段划分法

四阶段划分法是把配种后1个月内称为妊娠前期,1个月至85天称为妊娠中期,86天至107天称为妊娠后期,产前1周进产房,即进入围生期。

二　妊娠母猪的饲养

1.妊娠母猪的饲养原则

(1)满足营养需要,保证健康体质,使母猪具有高产性能。严格按照妊娠母猪的饲养标准配制饲粮,防止妊娠母猪过肥或过瘦。

(2)坚持饲料多种类搭配,避免长期饲喂单一饲料。单纯利用精料的饲养方式并不优越,青粗饲料可补充精饲料中维生素、矿物质的不足,并可降低饲料成本。一般在妊娠母猪的日粮中,精料和青粗料的比例可按1:(3~4)投喂。饲粮中适当添加粗饲料,粗饲料含纤维多,能刺激母猪的肠道蠕动,可减轻妊娠母猪便秘。

(3)确保饲料卫生,严禁饲喂发霉、腐败变质和有毒饲料。菜籽饼、棉籽饼、白酒糟等最好不要用来配制妊娠母猪的饲粮。

2.妊娠母猪的饲养方式

"低妊娠、高泌乳"是行业内达成共识的母猪饲养方式。

(1)从配种当天就把给料量降至妊娠前期饲养标准,每头每天2千克左右。

(2)妊娠中期(1个月至85天),适当调整饲料投喂量,让母猪维持六成体膘。前、中期应创造条件,大量饲喂青饲料。

(3)86天至107天要适当增加投喂量,让母猪体况逐渐接近九成膘,以提高仔猪初生重和为泌乳储备营养,但应注意防止母猪体膘过肥。

(4)转入产房后,按围生期要求饲养。

三 妊娠母猪的管理

妊娠母猪管理的关键是做好保胎,并促进胎儿的正常发育,防止机械性流产。

1.合理分群

分群时应按母猪大小、强弱、体况、配种时间等划分,以免大欺小、强欺弱。妊娠前期,每个圈舍可养3~4头母猪,妊娠中期每个圈舍养2~3头,妊娠后期宜单圈饲养,临产前5~7天转入分娩圈舍饲养。

2.适当运动

在妊娠的第一个月,此期重点是加强营养供给,恢复母猪体力,保证充分休息,少运动。一个月后,应使妊娠母猪每天自由运动2~3小时,以

增强其体质,并接受充足的阳光,但运动量不宜过大。妊娠后期应适当减少运动,临产前 5~7 天应停止运动。

3.减少和防止有害刺激

禁止对妊娠母猪粗暴,避免鞭打、强度驱赶、跨沟,并防止咬架以及挤撞等刺激,以免造成母猪的机械性流产。

4.防暑降温及防寒保温

应给妊娠期母猪提供舒适的环境。夏季注意给妊娠期母猪防暑降温,冬季注意防寒保暖,以保证母猪及胎儿的健康。

5.预防疾病性流产和死胎

应定期对妊娠期的母猪进行体质检测,根据孕期进程或胎儿的体重制订母猪营养计划。

6.注意保持猪体卫生

防止猪虱和皮肤病的发生。皮肤病不仅影响妊娠母猪的健康,而且在分娩后也会传染给仔猪。

▶ 第五节 母猪分娩前后(围生期)的护理

一 母猪分娩前的准备

1.分娩圈舍

根据母猪预产期,应在母猪分娩前 1 周准备好分娩圈舍(产房)。分娩圈舍要求:

(1)温暖。分娩圈舍内温度宜控制在 15~18℃。同时应配备仔猪的保温装置(护仔箱等)。

(2)干燥。分娩圈舍内相对湿度宜控制在 65%~75%。

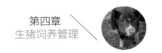

（3）卫生。分娩圈舍要进行彻底的清扫、冲洗、消毒工作。分娩圈舍要保持安静，阳光充足，空气新鲜，产栏舒适，否则易使母猪分娩推迟或分娩时间延长，增加仔猪死亡率。

2.母猪进入分娩圈舍

为使母猪适应新的环境，应在产前3~5天将母猪转入分娩圈舍熟悉环境，有利于其顺利分娩。

3.准备分娩用具

应准备以下接产用具和药物：洁净的毛巾或擦拭布两条（一条为接产人员擦手用，一条为擦拭仔猪用），剪刀一把，碘伏或高锰酸钾溶液（处理脐带时消毒用），凡士林油（助产时用），称仔猪的秤及耳号钳，分娩记录卡，等等。

二 母猪产前的饲养管理

1.合理饲养

视母猪体况投喂饲料，体况较好的母猪，产前3~5天应减少精料的10%~20%，以后逐渐减料，到产前1~2天减至正常喂料量的30%，有利于防止母猪产后食欲下降。但对体况较差的母猪不但不能减料，而且应增加一些富含蛋白质、维生素等营养丰富的饲料，以利泌乳。产仔当天可以不喂料或饲喂一些温热麦麸盐水，麦麸有轻泻作用，可减轻临产母猪的便秘症状。

2.悉心管理

产前一周应停止驱赶运动和大群放牧，以免由于母猪间互相挤撞造成死胎或流产；饲养员应有意多接触母猪，并按摩母猪乳房，以利于母猪产后泌乳、接产和对仔猪的护理；对伤乳头或其他可能影响泌乳的疾病应及时治疗，不能利用的乳头或伤乳头应在产前封好或治好，以防母猪产

后因疼痛而拒绝哺乳。产前一周左右,应随时观察母猪产前征兆,尤其是要加强夜间看护工作,以便及时做好接产准备。

三 母猪的分娩与接产

1.母猪的产前征兆与分娩过程

(1)产前征兆

①母猪腹部膨大下垂,乳房膨胀有光泽,两侧乳头外张,用手挤压有乳汁排出(一般初乳在分娩前数小时就开始分泌,个别产后才分泌)。

②母猪阴户松弛红肿,尾根两侧开始凹陷,表现卧立不安,闹圈(如咬地板、猪栏和衔草做窝等)。一般出现这种现象后6~12小时生产。

③母猪频频排尿,阴部流出稀薄黏液,母猪侧卧,四肢伸直,阵缩时间逐渐缩短,呼吸急促,表明即将分娩。

(2)分娩过程。分娩是通过子宫和腹肌的收缩,把胎儿及其附属膜(胎衣)排出来的过程。猪的胎儿均匀分布在两侧子宫角中,胎儿娩出顺序是从近子宫颈处的胎儿开始,有顺序地进行。从产式上看,无论头位和臀位均属正常产式。正常的分娩间歇时间为5~25分钟,分娩持续时间依母猪体质、胎儿多少而有所不同,一般为1~4小时。在仔猪全部产出后10~30分钟胎盘便排出。

2.接产

在整个接产过程中,接产人员要保持安静,禁止喧哗和大声说笑,动作应迅速准确,避免刺激母猪或引起母猪不安,影响母猪的正常分娩。

(1)助产。胎儿娩出后,立即用洁净的毛巾(擦拭布或软草)擦去仔猪鼻端和口腔内的黏液,防止仔猪憋死或吸进液体呛死,然后用毛巾(擦拭布或软草)彻底擦干仔猪全身的黏液。尤其在冬季,擦得越快、越干越好,以促进仔猪血液循环和防止仔猪体热散失,然后将连接胎盘的脐带在距

离仔猪腹部 3~4 厘米处用手指掐断或用剪刀剪断（为防止仔猪流血过多,通常不用剪刀),在断脐处涂抹碘伏消毒。断脐出血多时,可用手指掐住断头,直到不出血为止,或用线结扎(留在腹部的脐带 3 天左右可自行脱落)。然后将仔猪移至安全、保温的地方,如护仔箱内。

(2)救助假死仔猪。生产中常会遇到娩出的仔猪全身松软,无呼吸,但心脏及脐带基部仍在跳动,这样的仔猪称为假死仔猪。一般来说,心脏、脐带跳动有力的假死仔猪经过救助大多数可以存活。

假死原因:脐带早断,在产道内即被拉断;胎位不正,分娩时胎儿脐带受到压迫或扭转;仔猪在产道内停留时间过长(过肥母猪、产道狭窄的初产母猪较多发生);仔猪被胎衣包裹;黏液堵塞气管;等等。

救助方法:用毛巾(擦拭布或软草)迅速将仔猪鼻端、口腔内的黏液擦去,对准仔猪鼻孔吹气,或往口中灌点水。如仍不能救活假死仔猪,则应进行人工呼吸,用力按摩仔猪两侧肋部,或倒提仔猪后腿,用手连续轻拍其胸部,促使呼吸道畅通。也可用手托住仔猪的头颈和臀部,使腹部向上,进行屈伸。如果将仔猪放入 37~39℃的温水中(头部露出水面)进行人工呼吸,效果会更好,待仔猪自主呼吸恢复后立即擦干皮肤。救活的假死仔猪一般较虚弱,需进行人工辅助哺乳和特殊护理,直至仔猪恢复正常体征。

(3)难产处理及其预防。母猪分娩过程中,胎儿不能顺利娩出时称为难产。母猪分娩一般都很顺利,但有时也发生难产情况。发生难产时,若不及时采取措施,可能造成母仔双亡,即使母猪幸免而生存下来,也常易发生生殖器官疾病而导致不育。

难产原因:母猪骨盆发育不全,产道狭窄(多见于初产母猪);死胎多或分娩缺乏持久力,宫缩迟缓(多见于老龄母猪、过肥母猪、营养不良母猪);胎位异常,胎儿过大(多见于寡产母猪)。

救助方法：

①对老龄体弱、分娩力不足的母猪，可进行肌内注射催产素，促进其子宫收缩，必要时可注射强心剂。

②人工助产：注射催产素后，如半小时左右胎儿仍未娩出，应进行人工助产。助产人员应将指甲剪短、磨光滑（以防损伤产道）；手及手臂用肥皂水洗净，用0.1%高锰酸钾溶液（或2%来苏水）消毒，再用75%医用酒精消毒，然后在已消毒的手及手臂上涂抹清洁的润滑剂；同时将母猪外阴部用上述消毒液消毒；将手指尖合拢呈圆锥状，手心向上，在母猪努责间歇将手及手臂慢慢伸入产道，握住胎儿的适当部位（眼窝、下颌、腿）后，随着母猪每次努责，缓慢将胎儿拉出，拉出1头仔猪后，如转为正常分娩，则不再用手取出。助产后应给母猪注射抗生素类药物，防止感染。

（4）清理胎衣及被污染的垫草。仔猪全部产出后约30分钟会排出胎衣，也有边产仔边排胎衣的。排出胎衣，表明分娩已结束，此时应立即清除胎衣。若不及时清除胎衣，被母猪吃掉，可能会引起母猪食仔的恶癖。母猪分娩时污染的垫草应清除干净。用肥皂水或0.1%高锰酸钾溶液将母猪乳房、阴部和后躯清洗干净。

（5）剪牙、编号、称重并登记分娩卡片。仔猪的犬齿（上、下颌的左右各两颗）容易咬伤母猪乳头，应在仔猪出生后剪掉。剪牙的操作很方便，有专用的剪牙钳，也可用指甲刀，但要注意剪平。编号和称重是为了便于记载和辨认仔猪，对种猪也具有重要意义：可以明确猪只来源、发育情况和生产性能。

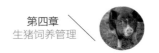

第六节　哺乳母猪的饲养管理

一　哺乳母猪的饲养

1.哺乳母猪的喂料量

哺乳母猪的泌乳量变化规律是哺乳母猪合理投喂饲料的依据,泌乳量升高时应多喂精料,下降时应减料,否则不是泌乳量下降,就是饲料利用不经济。体况较好的母猪,一般产前减料,产后逐渐加料。母猪分娩当天可以停料,但要保证饮水,分娩后6~8小时喂以麸皮粥(0.5千克麸皮加5千克水)或稀粥料,产后3~5天至一周加至原量,以后逐渐增加,第20天左右到达最大量(不限量,能吃多少投喂多少),维持7~10天,以后逐渐减少投料量,至断乳时减至妊娠后期的日喂量。

2.饲喂次数

哺乳母猪以日喂4次为宜,各次投喂时间要固定而又不能过于集中,以6—7时、10—11时、15—16时、22—23时为宜。如果饲粮中有青绿饲料,也应增加饲喂次数。

3.保证充足的饮水

母猪在非哺乳期每天饮水量通常为采食量(按干重计)的5倍,是个体重的25%左右。而在哺乳期,由于泌乳的需要,需水量增加。夏季,高泌乳量以及采食生干料的母猪,需水量更大,保证充足饮水更为重要。

二　哺乳母猪的管理

圈舍内应保持温暖、干燥、卫生,圈栏内的排泄物应及时清除,圈舍内圈栏、工作道及用具等应定期进行消毒。尽量减少噪声,避免大声喧哗,

严禁鞭打或驱赶母猪,创造有利于母猪泌乳的舒适环境。在有条件的情况下,可让母猪带仔猪到圈舍外自由活动,以利于提高母猪泌乳量,改善乳质,促进仔猪发育。

第七节 仔猪的培育

通常将仔猪的培育分为两个阶段,即哺乳期仔猪培育阶段和断乳(保育)期仔猪培育阶段。

一 哺乳期仔猪的培育

1.哺乳期仔猪的生长发育及生理特点

(1)生长发育快,物质代谢旺盛。

(2)消化器官不发达,消化功能不完善。

(3)体温调节功能发育不全,抗寒能力差。

(4)缺乏先天免疫力,容易患病。

2.哺乳期仔猪培育的主要措施

(1)吃足初乳,固定乳头

①吃足初乳:吃足初乳是仔猪早期(仔猪自身产生有效抗体之前,4~5周)获得抗病力最重要的途径,而且初乳中含有镁盐,具有轻泻性。初乳的酸度高,有利于消化道活动,可促使仔猪排出胎粪。

②固定乳头:为使同窝仔猪发育均匀,必须在仔猪出生后 2~3 天内,采用人工辅助方法,使仔猪尽快形成固定吸食某个乳头的习惯。

(2)注意保温。仔猪最适宜的环境温度:0~3 日龄为 30~35℃,3~7 日龄为 28~30℃,7~14 日龄为 25~28℃,14~35 日龄为 22~25℃。低温对仔猪的直接伤害是冻死,同时也是压死、饿死和下痢、感冒等的诱因。采取厚

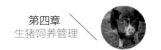

垫草保温、红外线灯保温或电热板取暖等保温措施，单独为仔猪创造温暖的小气候环境。

（3）补充铁、硒等矿物质

①补铁：给仔猪补铁的方法很多，目前普遍采用的是在仔猪出生后的2~3天，肌内或皮下注射右旋糖酐铁或葡聚糖铁1~2毫升（1毫升含铁量50~150毫克不等，视浓度而定），即可保证哺乳期仔猪不患贫血症。为加强补铁效果，2周龄后可再注射1次。目前用于补铁的针剂也较多，如牲血素等。

②补硒：目前多在仔猪出生后3~5天肌内注射0.1%亚硒酸钠维生素E合剂0.5毫升，2~3周龄时再注射1毫升。对已吃饲料的仔猪，按1千克饲料添加0.1毫克的硒补给量。硒是剧毒级元素，摄入过量极易引起中毒，用时应谨慎。加入饲料中饲喂，应充分拌匀，否则会因个别仔猪过量食入而引起中毒。

（4）寄养、并窝。寄养，就是将仔猪寄放给另一头母猪哺育；并窝则是指把两窝或几窝仔猪，合并起来由一头母猪哺育。为使寄养和并窝顺利，应注意以下问题：

①寄养的仔猪与原窝仔猪的日龄要尽量接近，最好不要超过3天。超过3天，往往会出现大欺小、强凌弱的现象，使体小仔猪的生长发育受到影响。

②寄养的仔猪，寄出前必须吃到足够的初乳，或寄入后能吃到足够的初乳，否则不易成活。

③承担寄养任务的母猪，性情要温顺，泌乳量高，且有空闲乳头。

④母猪主要通过嗅觉来辨认自己的仔猪，为避免母猪因寄养仔猪气味不同而拒绝哺乳或咬伤寄养仔猪，以及仔猪寄养过后不吸吮寄母的乳汁，应分别采用干扰母猪嗅觉和仔猪饥饿法来解决。

（5）开食补料。母猪泌乳高峰期是在产后20~30天,35天以后明显减少,而仔猪的生长速度却愈来愈快,存在着仔猪营养需要量大与母乳供给不足的矛盾。3周龄以前母乳可基本满足仔猪,仔猪无须采食饲料,但为了保证仔猪3周龄学会吃料,必须提早训练仔猪开食。对早期断乳仔猪更应该提前开食和补料。

开食:训练仔猪从吃母乳过渡到吃饲料,称为开食、引食或诱饲。目前,一般要求在仔猪出生后5~7日龄开食。

补料:仔猪经开食训练后,在25日龄左右可大量采食饲料,进入"旺食"阶段。旺食阶段是补料的主要阶段,应根据不同体重阶段的营养需要配制标准饲粮,要求饲粮是高能量、高蛋白、营养全面、适口性好而又易于消化的,另可根据需要适当添加抗生素或益生素等。

（6）预防下痢。下痢是哺乳期仔猪最常见的疾病之一,临床上常见黄痢和白痢,严重威胁仔猪的成活和生长。下痢发病的原因很多,一般多由受凉、消化不良和细菌感染三个因素引起,仔猪的日常管理工作中应把好这三关。在确定和控制发病原因的基础上,有针对性地采取综合措施才能取得较好的效果。主要的预防措施有:

①母猪妊娠期要实行全价饲料饲养,特别要多喂青绿饲料,以保证母猪正常的繁殖体况;母猪产前10~20天接种K88、K99大肠杆菌腹泻基因工程疫苗。

②母猪产仔前就彻底消毒产房,整个哺乳期保持产房干燥、温暖、空气清新并进行定期消毒,尤其是要注意仔猪保暖。

③泌乳母猪的饲粮应全价,饲粮相对保持稳定,饲粮骤变常引起母猪乳汁改变而引起仔猪下痢。

④按饲养标准为仔猪配制饲粮,要求饲粮营养全面、适口性好、易消化。目前常在仔猪补料中添加酸化剂、抗生素、益生素等来预防仔猪下痢。

一旦发生仔猪下痢,应同时改进母猪饲养,搞好圈舍卫生、消毒并及时治疗仔猪,不能单纯给仔猪治疗,更重要的是消除感染源。

(7)适时去势。仔猪出生后 3 个月内去势对仔猪的生长速度和饲料利用率影响较小。仔猪日龄越大或体重越大,去势时操作越费力,而且伤口愈合缓慢。目前国内外一些猪场趋向采用两周龄对公仔猪进行去势,4~5周龄时对母仔猪进行去势。

(8)预防接种。预防接种是为了防止仔猪感染疫病,应在 30 日龄前后对仔猪进行猪瘟、猪丹毒、猪肺疫等疫苗的预防注射。仔猪的去势和免疫注射必须避免在断乳前后一周内进行,以免加重应激,影响仔猪的生长发育。

二 断乳(保育)期仔猪的培育

断乳标志着哺乳期的结束,目前生产上一般将断乳至 70(或 75)日龄定为断乳(保育)仔猪培育阶段。断乳是仔猪一生中生活条件的第二次大转变,仔猪要经受心理、营养和环境应激的影响,所以人们习惯把初生、补料和断乳称为仔猪饲养中的"三关"。

1.断乳时间

仔猪的断乳时间应根据母猪、仔猪的生理特点以及养猪场(户)的饲养条件和养猪者的管理水平而定。一般在 3~5 周龄时进行断乳。

2.仔猪的断乳方法

(1)一次断乳法:在哺乳达 35 日龄时,将母猪与仔猪分开。这种方法对母猪、仔猪均有不利影响,但方法简单,工作量小,一般在规模化猪场较为常用。

(2)逐渐断乳法:又称安全断乳法。一般在仔猪预定断乳日期前 4~6天,把母猪赶到另外的圈舍或运动场隔离,然后定时放回原圈,使其哺乳

次数逐日递减。如第 1 天哺乳 4~5 次,第 2 天 3~4 次,第 3 天 2~3 次,第 4 天 1~2 次,第 5 天完全隔开。这种方法可避免仔猪和母猪遭受突然断乳的刺激,适于泌乳较旺的母猪,尽管工作量大,但对母猪、仔猪均有益,故被一般养猪场(户)所采用。

3.断乳(保育)期仔猪培育要点

(1)营养与饲养:断乳后 2 周内,饲粮的营养水平、饲粮的配合以及饲喂方法都应与哺乳期相同,要防止突然的改变而降低了仔猪的食欲,导致仔猪胃肠不适和消化功能紊乱。2~3 周后逐渐过渡到饲喂断乳期仔猪饲粮,并尽量做到饲粮组成与哺乳期饲粮相同(只是改变饲粮的营养水平)。此外,针对断乳期仔猪消化功能较弱的特点,以及断乳仔猪由吸吮母猪乳头为主转向完全采食植物性饲料所造成的营养应激,可在饲粮中加入外源消化酶等,以促进仔猪对饲粮的消化,减少腹泻的发生,保证仔猪正常的生长发育。

(2)饲喂方法:断乳后第 1 周应适当控制仔猪的采食量。少食多餐,每天饲喂 5~6 次,每次都吃光不剩料,也要防止过饱。

(3)环境条件:要求断乳(保育)期仔猪圈舍温度适宜、干燥、清洁。在没有保育仔猪圈舍的猪场,最好将母猪调出哺乳圈舍,让仔猪留在原圈进行饲养,2 周后再调圈以减少环境应激。如果断乳仔猪需并窝,亦应在断乳 2 周后再进行。

▶ 第八节 生长育肥猪的饲养管理

生长育肥猪数量一般占猪场养猪总头数的 80% 左右,因此必须根据此阶段猪只的生长发育规律,采用科学的饲养管理技术,达到提高增重速度、降低养猪成本、提高养猪生产经济效益的目的。

一 育肥用仔猪的选择与管理

1.选择性能优良的杂种猪

仔猪选择的好坏对其育肥效果具有很大的影响。对于自繁自养的养猪场,关键是要选择配合力好的杂交品种,因其所产生的杂交后代具有良好的杂交遗传优势,如适应力强、增重快、饲料报酬高、瘦肉率高、经济效益高等。

2.育肥用仔猪的体重和均匀度

应结合猪场自身饲养管理水平进行选择,一般育肥用仔猪的育肥起始体重以 20~30 千克为宜。

生长育肥猪是群饲,育肥开始时群内仔猪的均匀度越好越有利于饲养管理,育肥效果也越好。

3.去势

去势后的育肥猪不仅生长速度较快,猪肉品质也较好。将仔猪去势后进行育肥,可保证其性情安静,食欲增强,增重速度快。国外的猪种性成熟较晚,育肥时一般只去势公猪而不去势母猪。一般在 7~10 日龄时给仔猪去势。

4.预防接种

要对仔猪进行猪瘟、猪丹毒、猪肺疫和仔猪副伤寒等常见传染病的预防接种。自繁自养的养猪场(户)应按相应的免疫程序进行。为安全起见,外购仔猪进场后一般应全部进行 1 次预防接种。接种疫苗时,要按疫苗标签规定的剂量和要求进行,同时注意观察疫苗接种后猪只的反应,对疫苗过敏或有严重副作用的,要及时采取救治措施。

5.驱虫

驱虫是保证仔猪具有良好的消化功能和生长性能的重要措施。猪体

内的寄生虫以蛔虫、肺丝虫最为普遍,猪疥螨病是最常见的体表寄生虫病。一般在仔猪45~60日龄进行首次驱虫,必要时可在60~90日进行第二次驱虫,以加强驱虫效果。内服驱虫药或外用驱虫药后,应注意观察仔猪有无严重不良反应。

二 生长育肥猪的饲养环境管理

1.圈舍的消毒

要及时彻底清扫圈舍走道、圈栏内的粪便、垫草等污物,用水洗刷干净后再进行消毒。圈栏、走道、墙壁等可用2%~3%的火碱(氢氧化钠)水溶液喷洒消毒,隔12小时或24小时后再用清水冲洗晾干。墙壁也可用20%石灰乳粉刷。应提前消毒饲槽、饲喂用具、车辆等,消毒后洗刷干净备用。日常可定期用对猪只安全的消毒液给猪消毒。

2.合理组群

不同猪种的生活习性不同,对饲养管理的条件要求也不同,因此组群时应按猪种分圈饲养,以便为猪群提供适宜的环境。另外,组群时还要考虑猪只的个体状况,不能把性别、体重、体质参差不齐的仔猪混群饲养,以免强夺弱食,使猪群生长不整齐,影响育肥效率。组群后要保持猪群的相对稳定,在饲养期尽量不再并群,否则,不同群的猪相互咬斗,也会影响猪的生长和育肥。

3.饲养密度与群的大小

如果饲养密度过大,群体过大,会导致猪群生活环境变差,猪只间冲突增多,造成猪的食欲下降、采食量减少、生长缓慢,猪群发育不整齐,且易患各种疾病。因此,科学合理的饲养密度与群的大小决定着猪群整体育肥效果。生长育肥猪适宜的圈舍面积,见表4-3。

表 4-3　生长育肥猪适宜的圈舍面积

体重阶段/千克	每栏头数/头	每头猪最小占地面积/米²		
		实体地面	部分漏缝地板	全漏缝地板
7～25	20～30	0.64	0.48	0.37
25～60	10～15	0.85	0.77	0.55
60～上市	10～15	1.00	0.90	0.74

4.调教

调教就是根据猪的生物学习性和行为学特点进行引导与训练,使猪只养成在固定地点排泄、躺卧和进食的习惯,并对猪只进行合理的运动管理。

5.温度和湿度

在适宜温度(15~27℃)下,猪的增重快,饲料利用率高。湿度的影响远远小于温度,如果温度适宜,则空气湿度的高低对猪的增重和饲料利用率影响很小。空气相对湿度以 40%~75%为宜。对猪影响较大的是低温高湿有风和高温高湿无风,高湿环境利于病原微生物的繁殖,导致猪易患多种皮肤病。

6.空气流通

除在建筑圈舍时要考虑圈舍通风换气的需要,设置必要的换气通道,安装必要的通风换气设备外,还要在管理上注意经常清扫圈栏,保持圈舍清洁,减少污浊气体及水汽的产生,以保证圈舍内空气的清新、流通和适宜的温度、湿度。

7.光照条件

一般情况下,光照对猪的育肥影响不大。育肥圈舍的光照条件只要不影响饲养管理人员的操作和猪的采食就可以了,强烈的光照反而会影响育肥猪只的休息和睡眠,从而影响其生长发育。建造育肥圈舍应以保温

为主,无须强调采光。

三 科学配制饲粮并进行合理饲养

1.饲喂方法

(1)日喂次数。育肥猪每天的饲喂次数应根据猪只的体重和饲粮组成做适当调整。在体重35千克以下时,猪胃肠容积小,消化能力差,而相对饲料需要多,每天宜喂3~4次;体重为35~60千克时,胃肠容积扩大,消化能力增加,每天应喂2~3次;在体重为60千克以后,每天可投喂2次。投喂次数过多并无益处,反而影响猪只的休息,且增加了管理工作量。

每次投喂的时间间隔,应尽量保持均衡,投喂时间应选在猪只食欲旺盛时为宜,如夏季选在早晚天气凉爽时投喂。

(2)给料方法。通常采用饲槽和硬地撒喂两种方式。饲槽投喂又分普通饲槽和自动饲槽。用普通饲槽时,要保证有充足的采食槽位,每头猪至少占30厘米,以防强夺弱食。

2.供给充足洁净的饮水

育肥猪的饮水量随猪的体重、环境温度、饲粮性质和采食量等有所不同。一般在冬季时,其饮水量应为采食饲料(风干重)的2~3倍或体重的10%左右,春、秋两季为采食饲料(风干重)的4倍或体重的16%,夏季约为5倍或体重的25%。因此,必须供给育肥猪充足洁净的饮水,饮水不足或限制饮水,会引起猪只食欲减退,导致日增重降低和饲料利用率降低,严重缺水时会引起疾病。

饮水设备以自动饮水器为宜,也可以在圈栏内单设饮水槽,但应经常保持充足而洁净的饮水,让猪自由饮用。

3.适宜的出栏体重

我国早熟地方猪种适宜出栏体重为70千克,其他地方猪种为75~80

千克;我国培育猪种和地方猪种为母本,国外育肥用型猪种为父本的二元杂种猪,适宜出栏体重为90~100千克;以地方猪为母本、国外育肥用型猪种为父本的三元杂种猪,适宜出栏体重为100~110千克;全部用国外育肥用型猪种生产的杂种猪出栏体重可为110~120千克。

第五章 ▶ 猪场粪污资源化利用技术

▶ 第一节 源头减量

一 生猪粪尿产生量及鲜粪成分

1.生猪粪污排泄量,见表5-1

表 5-1 生猪各阶段粪尿日排泄量

阶段	粪便/千克	尿液/升
种公猪	2.0～3.0	4.0～7.0
哺乳母猪	2.5～4.2	4.0～7.0
后备母猪	2.1～2.8	3.0～6.0
育肥(180日龄)	(2.17)	(3.5)
育成(90日龄)	(1.3)	(2.0)

注:以上数据引自《家畜粪便学》,括号内数字为平均值。

2.生猪鲜粪成分及含量,见表5-2

表 5-2 生猪各阶段鲜粪成分及含量

成分	保育阶段	育肥育成阶段	妊娠阶段
含水率/%	79.21	75.81	75.86
有机质(以干基计)/%	80.34	82.44	74.21
鲜粪 pH	7.46	7.89	8.20
全氮(以干基计)/%	3.07	2.11	2.06

成分	保育阶段	育肥育成阶段	妊娠阶段
凯氏氮(以干基计)/(毫克/升)	17.01	13.26	10.45
氨氮(以干基计)/(毫克/升)	11.81	6.84	5.39
全磷(以干基计)/(毫克/千克)	16 583.68	15 682.64	25 154.99
全钾(以干基计)/(毫克/千克)	383.27	286.60	278.13
总锌(以干基计)/(毫克/千克)	106.77	75.29	74.14
总铜(以干基计)/(毫克/千克)	450.47	195.47	120.39
总砷(以干基计)/(毫克/千克)	8.45	7.26	6.46

注:以上数据为笔者承担的国家农业科学试验站安徽站的畜禽鲜粪成分变化监测任务中的部分实测数据。

二 源头减量措施

1.饲料减排技术

(1)氮减排。利用氨基酸平衡技术,降低日粮蛋白质水平,可比现行营养标准需要量降低 1%~2%,节约蛋白质饲料用量 10%~30%,同时大幅减少氮的排放量。本技术可与提高日粮蛋白质消化利用率的功能性添加剂(如半乳甘露寡糖、壳聚糖、半胱氨酸、酶制剂等)配套使用。

(2)磷减排。植物性饲料中,50%~85%的磷以植酸盐形式存在,猪的消化系统缺乏植酸酶,植物性饲料磷利用率较低,日粮须通过添加大量无机磷才能满足生猪需要。添加植酸酶,可减少无机磷添加量,提高生猪的植酸磷利用率,从而降低生猪磷的排放量。

(3)重金属减排。生猪日粮中添加高铜、高锌可显著提高生长速度、饲料转化率及降低仔猪腹泻。无机盐形式的微量元素普遍存在利用率低、排泄量高等问题,有机微量元素及碱式盐微量元素等新型矿物质添加剂生物学效价高、添加量少,因此生猪日粮采用有机微量元素代替无机微量元素是重金属减排的有效手段。

另外,日粮中通过添加益生元、酶制剂、酸化剂和植物提取物等新型添加剂,替代铜、锌、砷等的添加,同样起到提高生猪免疫力和肠道健康、减少仔猪腹泻的作用,从而降低了日粮中铜、锌、砷的添加量,减少排放量。

2.节水减排技术

(1)饲养工艺。家庭农场、合作社等中小型自繁自养场,应根据规模化生猪生产工艺和生产节律要求,按标准化生产要求进行改造,做到繁殖区、保育区、生长育肥区有序衔接、对应,并遵循种养结合、农牧循环的规则,配套相应粪污消纳田地。

(2)饮水系统改造

①生猪日饮水需要量及流量要求推荐值,见表5-3。

表5-3　生猪日饮水量需要量及流量要求推荐值

生长阶段	体重/千克	需水量/[升/(头·天)]	流速/(升/分钟)
哺乳期仔猪	1~6	0.7	0.3~0.4
保育期仔猪	6~10	2.5	0.4~0.6
育肥猪	30~120	10	1~1.5
种公猪	200~300	15	1.5~1.8
空怀及怀孕母猪	100~250	15	1.5~1.8
哺乳期母猪	100~250	30	2~3

②饮水器选择。生猪养殖场通常采用鸭嘴式饮水器,较少关注和调节饮水器流量,忽略漏水环节,易造成漏水流入粪道,增加污水量。建议使用碗式饮水器,碗式饮水器安装高度推荐值见表5-4。

表 5-4　碗式饮水器安装高度推荐值

生长阶段	体重/千克	水碗高度/毫米
哺乳期仔猪	1~6	80~105
保育期仔猪	6~30	100~150
育肥猪	30~120	250~300
种公猪	200~300	350~400
空怀及怀孕母猪	100~250	350~400
哺乳期母猪	100~250	350~400

（3）清粪系统。养殖场污水主要来源除了滴漏的饮水外,还有畜禽舍冲洗用水、降温用水以及养殖场生活污水等。冲洗用水量取决于清粪工艺,不同清粪工艺的冲洗用水量差别很大,因而养殖污水量差别也很大。对猪场而言,如果采用干清粪或发酵床生产工艺,生产过程中的冲洗用水量很少,甚至不用水冲洗,因此养殖污水量也很少甚至没有;如果采用水冲粪和水泡粪工艺,猪排泄的粪尿全部依靠水冲洗进行收集,则冲洗用水量大,污水量也很大。

①猪场粪污清理工艺分析与比较。

a.水冲粪工艺:水冲粪工艺是 20 世纪 80 年代我国从国外引进规模化养猪技术和管理方法时采用的主要清粪模式。该工艺的主要目的是及时、有效地清除圈舍内的粪便、尿液,保持圈舍环境卫生,减少粪污清理过程中的劳动力投入,提高养殖场自动化管理水平。水冲粪的方法是粪尿污水混合进入缝隙地板下的粪沟,每天数次从沟端的水喷头放水冲洗。粪水顺粪沟流入粪便主干沟,进入地下贮粪池或用泵抽吸到地面贮粪池。

投资情况:高压喷头、污水泵、固液分离机、贮粪池等。

运行费用:水费、电费和维护费等。

优点:水冲粪方式可保持圈舍内的环境清洁,有利于猪只健康;劳动

强度小,劳动效率高,有利于养殖场工人健康,在劳动力缺乏的地区较为适用。

缺点:耗水量大,一个万头养猪场每天需消耗大量的水(200~250立方米)来冲洗圈舍的粪便。污染物浓度高:COD(化学需氧量)为11 000~13 000毫克/升,BOD(生化需氧量)为5 000~6 000毫克/升,SS(悬浮物)为17 000~20 000毫克/升。固液分离后,大部分可溶性有机质及微量元素等留在污水中,污水中的污染物浓度仍然很高,而分离出的固体物养分含量低,肥料价值低。该工艺技术上不复杂,不受气候变化影响,但污水处理部分基建投资及动力消耗很高。

b.水泡粪工艺:该工艺的主要目的是定时、有效地清除圈舍内的粪便、尿液,减少粪污清理过程中的人工投入,减少冲洗用水量,提高养殖场自动化管理水平。水泡粪清粪工艺是在水冲粪工艺的基础上改造而来的。工艺流程是在圈舍内的排粪沟中注入一定量的水,粪尿、冲洗后污水和饲养管理用水一并排放到缝隙地板下的粪沟中,储存一定时间(一般为1~2个月),待粪沟装满后,打开出口的闸门,将沟中粪水排出。粪水顺粪沟流入粪便主干沟,进入地下贮粪池或用泵抽吸到地面贮粪池。

投资情况:闸门自动开关、污水泵、固液分离机、贮粪池等。

运行费用:水费、电费和维护费等。饲养一头猪每天需用水10~15升,耗电量主要来自闸门自动开关系统和污水泵用电。

优点:比水冲粪工艺节省用水量。

缺点:由于粪便长时间在圈舍中停留,形成厌氧发酵,产生大量的有害气体,如硫化氢、甲烷等,会恶化圈舍内空气环境,危及动物和饲养人员的健康。粪水混合物的污染物浓度更高,后续处理也更加困难。该工艺技术上不复杂,不受气候变化影响,但污水处理部分基建投资及动力消耗较高。

c.干清粪工艺:该工艺的主要目的是及时、有效地清除圈舍内的粪便、尿液,保持圈舍环境卫生,充分利用劳动力资源丰富的优势,减少粪污清理过程中的用水、用电,保持固体粪便的营养物质,提高有机肥肥效,降低后续粪尿处理的成本。干清粪工艺的主要方法是,粪便一经产生便分流,干粪由机械或人工收集、清扫、运走,尿液及冲洗水则从下水道流出,分别进行处理。干清粪工艺分为人工清粪和机械清粪两种。

人工清粪优点:人工清粪只需用一些清扫工具、人工清粪车等。设备简单,不用电力,一次性投资少,还可以做到粪尿分离,便于后续的粪尿处理。

人工清粪缺点:劳动量大,工作效率低。

机械清粪优点:可以减轻劳动强度,节约劳动力,提高工作效率。

机械清粪缺点:一次性投资较大,还要花费一定的运行维护费用。而且,我国目前生产的清粪机在使用可靠性方面还存在欠缺,故障发生率较高,由于工作部件上沾满粪便,维修起来比较困难。

投资情况:人工清粪只需用一些清扫工具、人工清粪车等,设备简单,不用电力,一次性投资少;机械清粪要投资铲式清粪机或刮板清粪系统(机械清粪分为铲式清粪和刮板清粪),排污系统是在建场时设计和施工,粪污收集系统不需要单独投资,配置污水泵即可。

运行费用:人工清粪适当补贴人工费即可;机械清粪的费用有水费、电费和维护费等。

优点:节水,饲养一头猪每天需用水 10 升左右,用电量来自机械清粪用电和污水泵用电。该工艺技术上不复杂,不受气候变化影响,污水处理部分基建投资比水冲粪和水泡粪工艺大大降低。

d.生态发酵床工艺:该工艺是综合利用微生物学、生态学、发酵工程学、热力学原理,以活性功能微生物作为物质能量"转换中枢"的一种生

态养殖模式。该技术的核心在于利用活性强大的有益功能性微生物复合菌群,长期、持续和稳定地将动物粪尿废弃物转化为有用物质与能量,同时实现将畜禽粪尿完全降解的无污染、零排放目标,是当今国际上一种最新的生态环保型养殖模式。

投资情况:发酵池制作、翻抛机等。

运行费用:菌种、垫料、燃油等。

优点:节约清粪设备需要的水电费用,节约取暖费用,地面松软能够满足猪的拱食习惯,有利于猪只的健康。

缺点:物料需要定期翻倒,工作量大;温湿度不易控制;饲养密度小,使生产成本提高。不适用于规模化养猪场。

②清粪工艺比较分析。现有的资料表明,采用水冲式和水泡式清粪工艺的万头猪粪污水处理工程的投资和运行费用比采用干清粪工艺的多1倍。水冲式和水泡式清粪工艺,耗水量大,排出的污水和粪尿混合在一起,给后续处理工作带来很大困难,而且固液分离后的干物质肥料价值大大降低,粪便中的大部分可溶性有机物进入液体,使液体部分的浓度很高,增加了处理难度。三种清粪工艺水消耗和水质情况资料见表5-5。与水冲式和水泡式清粪工艺相比,干清粪工艺固态粪污含水量低,粪中营养成分损失小,肥料价值高,便于高温堆肥或其他方式的处理利用。产生的污水量少,且其中的污染物含量低,易于净化处理,在劳动力资源比较丰富的地区,是较为理想的清粪工艺。采用机械干清粪的猪舍,可采取添加排尿管和粪沟的方式,进行粪尿分离,以减少后续处理难度。不同清粪工艺综合比较见表5-6。

表 5-5　不同清粪工艺污水水量和水质

		水冲粪工艺	水泡粪工艺	干清粪工艺
水量	平均每头/(升/天)	35～40	20～25	10～15
	万头猪场/(米³/天)	210～240	120～150	60～90
水质指标/ (毫克/升)	BOD_5	5 000～6 000	8 000～10 000	302,1 000,—
	CODcr	11 000～13 000	8 000～24 000	989, 1 476, 1 255
	SS	17 000～20 000	28 000～35 000	340,—,132

注:(1)水冲粪和水泡粪的污水水质按每日每头排放 COD 量为 448 克,BOD 量为 200 克,悬浮固体为 700 克计算得出。

(2)干清粪的 3 组数据为 3 个养猪场实测结果。

表 5-6　不同粪污清理工艺综合比较

清粪工艺	耗水	耗电	耗工	维护费用	投资	粪污后续处理难易度	圈舍内环境
水冲粪	多	少	少	少	中	难	好
水泡粪	中	中	少	少	高	难	差
人工干清粪	少	少	多	少	少	易	中
机械干清粪	少	多	中	高	高	易	中
生态发酵床	少	少	多	高	中	易	中

（4）雨污分流系统。猪场应建设雨污分流、暗沟布设的污水收集输送系统,实现雨污分流,从源头减少污水排放量,减轻粪污处理压力。设计标准及排放标准应执行《畜禽养殖业污染物排放标准》(GB 18596—2001)。

▶ 第二节　过程控制

根据土地承载能力确定养殖规模,建设必要的粪污处理设施;推广微生物处理、臭气控制等技术模式,加速粪污无害化处理进程,减少氮、磷和有害气体排放;增强粪肥检测技术,确保粪肥安全还田。

一 **养殖规模要与土地承载力相匹配**

1.规划标准及原则

从土地承载力、生态承载力、环境承载力等多维度规划地区,根据畜禽养殖种类、规模和数量规划禁养区、限养区、适养区。根据《畜禽粪便土地承力力测算方法》(NY/T 3877—2021),匹配养猪场粪污消纳土地。

2.测算原则

畜禽粪污土地承载力及规模养殖场配套土地面积测算以粪肥氮养分供给和植物氮养分需求为基础进行核算,对于设施蔬菜等作物为主或土壤本底值磷含量较高的特殊区域或农用地,可选择以磷为基础进行测算。畜禽粪肥养分需求量根据土壤肥力、作物类型和产量、粪肥施用比例等确定。畜禽粪肥养分供给量根据畜禽养殖量、粪污养分产生量、粪污收集处理方式等确定。

3.附表

不同作(植)物形成100千克产量需要吸收氮、磷量推荐值,见表5-7;土壤不同氮、磷养分水平下施肥供给养分占比推荐值,见表5-8;不同作(植)物土地承载力推荐值(土壤氮养分水平Ⅱ,粪肥比例50%,当季利用率25%,以氮为基础),见表5-9;不同作(植)物土地承载力推荐值(土壤磷养分水平Ⅱ,粪肥比例50%,当季利用率30%,以磷为基础),见表5-10。

表5-7 不同作(植)物形成100千克产量需要吸收氮、磷量推荐值

作物种类		氮/千克	磷/千克
大田作物	小麦	3.00	1.00
	水稻	2.20	0.80
	玉米	2.30	0.30
	谷子	3.80	0.44
	大豆	7.20	0.748
	棉花	11.70	3.04

续表

作物种类		氮/千克	磷/千克
蔬菜	马铃薯	0.50	0.088
	黄瓜	0.28	0.09
	番茄	0.33	0.10
	青椒	0.51	0.107
	茄子	0.34	0.10
	大白菜	0.15	0.07
	萝卜	0.28	0.057
	大葱	0.19	0.036
	大蒜	0.82	0.146
果树	桃	0.21	0.033
	葡萄	0.74	0.512
	香蕉	0.73	0.216
	苹果	0.30	0.08
	梨	0.47	0.23
	柑橘	0.60	0.11
经济作物	油料	7.19	0.887
	甘蔗	0.18	0.016
	甜菜	0.48	0.062
	烟叶	3.85	0.532
	茶叶	6.40	0.88
人工草地	苜蓿	0.20	0.20
	饲用燕麦	2.50	0.80
人工林地	桉树	3.3 千克/米³	3.3 千克/米³
	杨树	2.5 千克/米³	2.5 千克/米³

表5-8 土壤不同氮、磷养分水平下施肥供给养分占比推荐值

土壤氮、磷养分分级		I	II	III
施肥供给占比		35%	45%	55%
土壤全氮含量/(克/千克)	旱地(大田作物)	>1.0	0.8~1.0	<0.8
	水田	>1.2	1.0~1.2	<1.0
	菜地	>1.2	1.0~1.2	<1.0
	果园	>1.0	0.8~1.0	<0.8
土壤有效磷含量/(毫克/千克)		>40	20~40	<20

表 5-9 不同作(植)物土地承载力推荐值

（土壤氮养分水平Ⅱ,粪肥比例50%,当季利用率25%,以氮为基础）

作物种类		目标产量/(吨/公顷)	当季土地承载力/(猪当量/亩)	
			粪肥全部就地利用	固体粪便堆肥外供＋肥水就地利用
大田作物	小麦	4.5	1.2	2.3
	水稻	6	1.1	2.3
	玉米	6	1.2	2.4
	谷子	4.5	1.5	2.9
	大豆	3	1.9	3.7
	棉花	2.2	2.2	4.4
蔬菜	马铃薯	20	0.9	1.7
	黄瓜	75	1.8	3.6
	番茄	75	2.1	4.2
	青椒	45	2.0	3.9
	茄子	67.5	2.0	3.9
	大白菜	90	1.2	2.3
	萝卜	45	1.1	2.2
	大葱	55	0.9	1.8
	大蒜	26	1.8	3.7
果树	桃	30	0.5	1.1
	葡萄	25	1.6	3.2
	香蕉	60	3.8	7.5
	苹果	30	0.8	1.5
	梨	22.5	0.9	1.8
	柑橘	22.5	1.2	2.3
经济作物	油料	2.0	1.2	2.5
	甘蔗	90	1.4	2.8
	甜菜	122	5.0	10.0
	烟叶	1.56	0.5	1.0
	茶叶	4.3	2.4	4.7
人工草地	苜蓿	20	0.3	0.7
	饲用燕麦	4.0	0.9	1.7
人工林地	桉树	30 米³/公顷	0.9	1.7
	杨树	20 米³/公顷	0.4	0.9

表 5－10　不同作(植)物土地承载力推荐值

(土壤磷养分水平Ⅱ,粪肥比例50％,当季利用率30％,以磷为基础)

作物种类		目标产量/ (吨/公顷)	当季土地承载力/(猪当量/亩)	
			粪肥全部就地利用	固体粪便堆肥外供＋肥水就地利用
大田 作物	小麦	4.5	1.9	4.7
	水稻	6	2.0	5.0
	玉米	6	0.8	1.9
	谷子	4.5	0.8	2.1
	大豆	3	0.9	2.3
	棉花	2.2	2.8	7.0
	马铃薯	20	0.7	1.8
蔬菜	黄瓜	75	2.8	7.0
	番茄	75	3.1	7.8
	青椒	45	2.0	5.0
	茄子	67.5	2.8	7.0
	大白菜	90	2.6	6.6
	萝卜	45	1.1	2.7
	大葱	55	0.8	2.1
	大蒜	26	1.6	4.0
果树	桃	30	0.4	1.0
	葡萄	25	5.3	13.3
	香蕉	60	5.4	13.5
	苹果	30	1.0	2.5
	梨	22.5	2.2	5.4
	柑橘	22.5	1.0	2.6
经济 作物	油料	2.0	0.7	1.8
	甘蔗	90	0.6	1.5
	甜菜	122	3.2	7.9
	烟叶	1.56	0.3	0.9
	茶叶	4.3	1.6	3.9
人工 草地	苜蓿	20	1.7	4.2
	饲用 燕麦	4.0	1.3	3.3
人工 林地	桉树	30 米³/公顷	4.2	10.4
	杨树	20 米³/公顷	2.1	5.2

二 粪污处理设施

根据我国《畜禽规模养殖场粪污资源化利用设施建设规范（试行）》，要配套建设粪污暂存池及固体粪便好氧堆肥和粪水厌氧发酵等设施，并确保正常运行，达到粪污无害化处理的目的。

三 微生物技术应用

1.饲用微生物菌剂的应用

饲用微生物主要用于饮水、拌料、全价料和饲料原料发酵，旨在改善猪的肠道菌群，提高免疫力和饲料消化转化率，同时减少粪污排泄量、臭气排放量，实现源头减排，降低粪污处理压力。

2.高温堆肥发酵菌剂的应用

生猪饲料通常加入高铜、高锌用来促生长，甚至添加抗生素用来防治疾病，从而造成粪污中的大量残留。高温堆肥可有效去除抗生素、钝化重金属和杀灭有害菌。

3.粪水处理微生物菌剂的应用

猪场的粪水中含有可供开发利用的物质和能量，通过粪水微生物厌氧发酵，可以变废为宝，减少污染物排放，保护生态环境。

▶ 第三节　末端利用

一 主推利用模式

全国畜牧总站在全国征集畜禽粪污资源化利用典型技术模式239种，经专家筛选评审，总结提炼出种养结合、清洁利用及达标排放等9种畜禽粪污资源化利用主推利用模式。

1. 种养结合模式

养殖场(区)采用干清粪或水泡粪清粪方式,固体经过堆肥后就近或异地用于农田;液体进行厌氧发酵或多级稳定塘处理后,就近应用于大田作物、蔬菜、果树茶园、林木等。

适用范围:周围有大量农田的规模化养殖场。

(1)粪污全量还田模式。主要特点:粪污收集、处理、贮存设施建设成本低,处理利用费用也较低;粪便、粪水和污水全量收集,养分利用率高。

适用范围:适用于猪场水泡粪工艺或自动刮粪回冲工艺,粪污的总固体含量小于15%;需要与粪污养分量相配套的农田。

(2)粪便堆肥利用模式。以生猪、肉牛、蛋鸡、肉鸡和羊规模养殖场的固体粪便为主,经好氧堆肥无害化处理后,就地农田利用或生产有机肥。包括条垛式、槽式、筒仓式、高(低)架发酵床、异位发酵床等堆肥模式。

主要优点:好氧发酵温度高,粪便无害化处理较彻底,发酵周期短;堆肥处理可提高粪便的附加值。

主要缺点:好氧堆肥过程中易产生大量的臭气,影响环境。

适用范围:适用于只有固体粪便、无污水产生的家禽养殖场或羊场等。

(3)粪水肥料化利用模式。养殖场产生的粪水经稳定塘处理贮存后,在农田需肥和灌溉期间,将无害化处理的粪水与灌溉用水按照一定的比例混合,进行水肥一体化施用。

主要优点: 粪水进行稳定塘无害化处理后, 为农田提供有机肥水资源,解决粪水处理压力。

主要缺点:要有一定容积的贮存设施,周边配套一定农田面积;须配套建设粪水输送管网或购置粪水运输车辆。

适用范围:适用于周围配套有一定面积农田的畜禽养殖场,在农田作物灌溉施肥期间进行水肥一体化施用。

（4）粪污能源化利用模式。以专业生产可再生能源为主要目的，依托专门的畜禽粪污处理企业，收集周边养猪场粪便和粪水，投资建设大型沼气工程，进行厌氧发酵，沼气发电上网或提纯生物天然气，沼渣生产有机肥供农田利用，沼液供农田利用或深度处理达标后排放。

主要优点：对养猪场的粪便和粪水集中统一处理，减少小规模养猪场粪污处理设施的投资；专业化运行，能源化利用效率高。

主要缺点：一次性投资高；能源产品利用难度大；沼液产生量大、集中，处理成本较高，须配套后续处理利用工艺。

适用范围：适用于大型规模化养猪场，具备沼气发电上网或生物天然气进入管网条件，需要地方政府配套政策予以保障。

2.清洁利用模式

养猪场采用机械干清粪、高压冲洗严格控制生产用水，减少养殖过程的用水量。固体粪通过堆肥，主要用于栽培基质、种植蘑菇、养殖蚯蚓蝇蛆、碳棒燃料等方式处理利用；液体粪通过污水管网输送、雨污分流和固液分离，污水深度处理后全部回用猪场内圈栏等冲洗，无排放。

适用范围：所有规模化养猪场。

（1）粪便基质化利用模式。以猪的粪污、菌渣及农作物秸秆等为原料，进行堆肥发酵，生产基质盘和基质土应用于栽培果蔬。

主要优点：猪的粪污、菌渣、农作物秸秆三者结合，科学循环利用，实现农业生产链零废弃、零污染的生态循环，形成一个有机循环农业综合经济体系，提高资源综合利用率。

主要缺点：生产链较长，精细化技术程度高，要求生产者的整体素质高，培训期、实习期较长。

适用范围：该模式既适用于大中型生态农业企业，又适合小型农村家庭生态农场，同时适合小型农村家庭农场分工、联合经营。

（2）粪便饲料化利用模式（主要养殖蚯蚓、蝇蛆、黑水虻等）。猪场养殖过程中的干清粪与蚯蚓、蝇蛆及黑水虻等动物蛋白进行堆肥发酵，生产有机肥用于农业种植，发酵后的蚯蚓、蝇蛆及黑水虻等动物蛋白质用于制作饲料等。

主要优点：改变了传统利用微生物进行粪便处理的理念，可以实现集约化管理，成本低，资源化效率高，无二次排放及污染，实现生态养殖。

主要缺点：动物蛋白质饲养温度、湿度、养殖环境的透气性要求高，要防止鸟类等天敌的偷食。

适用范围：适用于远离城镇、猪场有闲置地、周边有农田、农副产品较丰富的中大规模猪场。

（3）粪便燃料化利用模式。猪粪便经过搅拌后脱水加工，进行挤压造粒，生产生物质燃料棒。

主要优点：猪的粪便制成生物质环保燃料，作为替代燃煤生产用燃料，成本比燃煤价格低，可减少二氧化碳和二氧化硫排放量。

主要缺点：猪粪便脱水干燥能耗较高。

适用范围：适用于城市和工业燃煤需求量较大的地区。

3.达标排放模式

在耕地畜禽承载能力有限的区域，猪场采用机械干清粪，控制污水产生量。固体粪通过堆肥发酵生产有机肥或复合肥；液体粪通过厌氧、好氧生化处理或稳定塘、人工湿地等自然处理，出水水质达到国家排放标准和总量控制要求。

适用范围：缺少粪便消纳农田的规模化养殖场。

粪水达标排放模式：猪场产生的粪水进行厌氧发酵+好氧处理等组合工艺进行深度处理，粪水达到《畜禽养殖业污染物排放标准》（GB 18596—2001）或地方标准后直接排放，固体粪便进行堆肥发酵就近肥料化利用

或委托他人进行集中处理。

主要优点：粪水深度处理后，实现达标排放；不需要建设大型粪水贮存池，可减少粪污贮存设施的用地。

主要缺点：粪水处理成本较高，大多数猪场难以承受。

适用范围：适用于周围缺少配套农田的规模化猪场。

（二）绿色种养、循环农业模式实践

从2013年开始，笔者团队专门从事养殖业废弃物无害化资源化利用技术研究。承担了"安徽省现代农业产业发展资金生猪项目（省财政，2013—2015年）"中的养猪场废弃物无害化资源化利用的科研与技术服务工作。在省内建有稳定的有机肥高温堆肥、病死猪无害化处理试验基地，长期进行研究和技术推广工作，建立了猪粪-秸秆协同型高温堆肥技术体系，获得国家发明专利1项、实用新型专利5项。2021年入选安徽省秸秆和畜禽养殖废弃物综合利用产业技术体系岗位专家。

"十三五"期间，笔者团队主要开展了牛粪高温堆肥的生产技术体系建设的研究，建成了有机肥标准化生产车间，并逐步实现了产业化。2019年，在安徽省农业科学院畜牧兽医研究所合肥东山基地建成了沼液资源化利用试验示范基地，利用沼液开展水培技术的研究工作，旨在通过水培植物净化沼液，并筛选出有经济价值的蔬菜、牧草品种及配套的水培技术。同时，开展了沼液还田技术研究与示范，完成了高产高耐污的牧草品种筛选试验，探索了麦（油）-双季鲜食玉米技术模式。通过技术研究，证明这些技术体系用于处理沼液是可行的，且有较好的经济价值。

1.高温堆肥

已完成的阶段性研究：筛选了高温堆肥专用菌种，高温堆肥辅料选择与预处理技术，高温堆肥工艺流程。槽式堆肥见图5-1，条垛式堆肥见

图 5-2。

图 5-1　槽式堆肥

图 5-2　条垛式堆肥

2.病死猪无害化处理

已完成的阶段性研究：①病死猪高温堆肥处理专用菌株的筛选；②病死猪高温堆肥处理工艺流程（本模式现仅供实验研究使用）。病死猪堆肥槽见图 5-3,添加病死猪高温堆肥专用菌剂见图 5-4,病死猪高温堆肥中见图 5-5,病死猪高温堆肥后状态见图 5-6。

图 5-3　病死猪堆肥槽

图 5-4　添加病死猪高温堆肥专用菌剂

图 5-5　病死猪高温堆肥中

图 5-6　病死猪高温堆肥后状态

3.猪—沼—牧草/鲜食玉米种养结合循环模式实践与示范

已完成的阶段性研究:耐污耐湿牧草品种筛选,见图5-7a、图5-7b;建立了鲜食玉米消纳沼液模式,见图5-8a、图5-8b;建立了牧草、玉米青绿秸秆青贮养猪系统,见图5-9至图5-12。

图5-7a 耐污牧草品种筛选　　　　图5-7b 耐污牧草消纳粪污试验

图5-8a 耐污牧草品种田间示范　　　图5-8b 耐污玉米品种田间示范

图5-9 青绿秸秆加工粉碎　　　　图5-10 青绿秸秆青贮(桶贮)

图 5-11　青绿秸秆青贮(袋贮)

图 5-12　青绿秸秆、青贮饲料饲喂生猪

（1）模式概述：选用高产、耐污甜高粱(牧草型)、甜象草、鲜食玉米等 C_4 植物消纳沼液；选用秸秆粉碎机将高水分青绿牧草和玉米秸秆粉碎鲜饲或添加玉米、麸皮、全价饲料等调控水分后青贮饲喂生猪；生猪产生的粪污(沼液)还田。

（2）模式技术瓶颈：高水分青绿牧草和玉米秸秆粉碎设备。市场上，秸秆粉碎机型号很多，大多适用于牛、羊等反刍动物，秸秆粉碎后细度大部分在 1~5 厘米，茎秆仍较粗、较硬，不适合饲喂猪、家禽等单胃动物。青绿秸秆若粉碎过细，因水分含量大，易造成机体"糊堵"现象。通过市场调研和分析，现已筛选出粉碎细度在 1 厘米以下揉搓成米糠状的机型。

（3）模式优点

①粪污肥料化，植物消纳粪污量大。C_4 植物生物学产量高，水肥需求量大，可大量消纳养殖场最难处理的粪水(沼液)部分。

②秸秆饲料化，动物消纳秸秆量大。生猪等单胃动物与牛、羊等反刍动物消化系统差异较大，个体对青绿饲料需求受到一定限制，但生猪等饲养基数大，消纳青绿秸秆饲料潜力巨大，特别是我国地方品种猪和带有地方猪血统的内三元商品猪耐粗饲，对青绿饲料转化率较高，需求量较大。

③适用范围:青绿秸秆饲料在牛、羊等动物利用上,从收割、粉碎、青贮、饲喂各环节已高度机械化,整个饲喂体系已趋完备。生猪等单胃动物以精饲料为主,其饲喂模式与精饲料匹配,若在原有生猪生产线推广,需对饲喂工艺改造。目前,该模式以家庭农场和养殖户为主,适用于生猪、鸡、鹅等畜禽。

④青绿秸秆在生猪养殖上饲料化应用现状与前景。猪是杂食动物,其消化系统和其他生理结构与人的相似。猪的青绿饲料相当于人食物结构中的蔬菜,我国传统养猪模式中就有"打猪草"喂猪方式。随着我国近40年养猪模式的演变,引进外来品种、引用国外生猪营养体系与饲养标准,日粮结构以"玉米−豆粕"精饲料为主,采用与"玉米−豆粕"精饲料形态相匹配的自动化程度较高的饲喂工艺系统等,使得生猪采食"蔬菜"成为"奢望",没有"以猪为本",更多地考虑"以人为本"。

生猪养殖发展到今天,青绿饲料因人工、加工工艺、饲喂工艺等问题,的确限制了其饲用范围。但现今主流的生猪饲养模式也遇到了挑战,如粉状精料引起的呼吸道疾病、生猪长期缺乏纤维饲料引起的便秘和难产、玉米−豆粕原料成本飞涨等问题。针对这些现状,近年来,国内外兴起了生猪饲喂"湿料"或"流体饲料"的模式,并开发出了与之相匹配的自动饲喂系统,这与我国传统的"打猪草"传统养殖模式有异曲同工之妙。"传统"并不意味着"落后",研发与青绿秸秆饲料和精饲料协同饲喂生猪相匹配的加工、青贮、搅拌混合、饲喂设备和工艺模式正当其时。

4.蔬菜消纳沼液模式(水培)

见图5-13至图5-16。

图 5-13 水芹品种筛选

图 5-14 水芹消纳粪污（水槽模式）

图 5-15 水芹消纳粪污（池塘模式）

图 5-16 水芹消纳粪污（工厂化模式雏形）

第六章　猪场疫病防控

第一节　当前猪病流行形势与防控对策

一　当前猪病流行形势

1.毒株变异和新流行毒株需高度重视

当前猪疫病的一大流行特点是，旧病未除，而新病原与病原的变异株不断出现。如猪繁殖与呼吸综合征病毒变异株(如 HP-PRRSV 毒株、NADC30 毒株、NADC34 毒株等)、猪圆环病毒 2 型变异株(PCV2b、PCV2d 等)、口蹄疫病毒新流行株(MYA98 毒株、A/Sea-97G2 毒株)、伪狂犬病毒新流行株、猪流行性腹泻病毒新变异毒株等均造成较大流行和危害。2018 年，非洲猪瘟病毒的传入和疫情传播已对我国生猪产业造成了重大经济损失，而且对生猪产业及相关行业的影响极其深远。另外，塞尼卡病毒、猪丁型冠状病毒和猪α肠道冠状病毒等病毒的流行，也需高度重视。

2.免疫抑制性疾病危害加重

免疫抑制性疾病除了本身的直接危害之外，更为重要的是引起免疫抑制，造成免疫效果差，甚至免疫失败，从而引发其他疫病的暴发和流行。当前常发生并危害严重的猪免疫抑制性疾病有猪圆环病毒 2 型病、猪附红细胞体病、猪繁殖与呼吸综合征、猪伪狂犬病、支原体等。霉变饲料所产生的毒素使猪免疫力降低,如霉菌毒素、烟曲霉毒素、赤霉烯酮、呕吐毒素等。猪群产生免疫抑制后持续处于亚健康、受疫病威胁状态,影响猪瘟、伪狂犬病等疫苗的抗体水平,并容易继发/并发感染疫病,造成更为严重的损失。

3.呼吸道疾病突出

近年来,猪呼吸道疾病已成为规模化猪场生产的主要问题之一,很多猪场均存在呼吸道疾病问题,发病率通常在20%~70%,死亡率为5%~40%,很多猪场损失巨大,预防和控制十分棘手。目前猪群中存在的呼吸道疾病往往不是单一病原所致,而是多病原所造成的,因此将其称为猪呼吸道疾病综合征(PRDC)。除了病原体以外,猪群饲养密度过大,将不同日龄猪混养在一起,猪舍通风不良、空气质量差、猪舍温度变化过大,营养不良、猪群免疫功能下降等应激因素都可成为呼吸道疾病暴发的诱因。当前,我国猪群中存在的与PRDC相关的疾病主要有猪繁殖与呼吸综合征、副猪嗜血杆菌病、猪气喘病、猪圆环病毒2型病、猪伪狂犬病、猪瘟、猪流感、猪传染性胸膜肺炎等。

4.细菌性疫病不容忽视

细菌病在猪群发病致死中扮演着重要角色。致病菌对各阶段猪群有不同程度的致死性作用。副猪嗜血杆菌、猪链球菌、致病性大肠埃希菌、巴氏杆菌、传染性胸膜肺炎放线杆菌、沙门菌是影响我国生猪生产的主要病原菌。另外,近年来在一些地区猪丹毒病例呈上升态势。因为细菌病大多可以用药物治疗,很多猪场过分依赖药物,全程滥用抗生素来保健、治疗,从而使分离的致病菌耐药谱广,导致抗生素疗效降低,无药可治。

5.混合感染十分普遍

目前混合感染成为猪病流行的主要形式,猪群发病往往不是以单一病原体所致疾病的形式出现,而是以两种或两种以上的病原体相互协同

作用而引起的,常常导致猪群的高发病率和高死亡率,危害极其严重,而且控制难度加大。包括细菌之间的混合感染,如副猪嗜血杆菌与链球菌、肠外致病性大肠埃希菌与副猪嗜血杆菌和链球菌、胸膜肺炎放线杆菌与巴氏杆菌等。病毒之间的混合感染包括猪蓝耳病毒与圆环病毒、猪蓝耳病毒与猪瘟病毒、猪瘟病毒与猪伪狂犬病毒的混合感染。同时也有细菌、病毒和寄生虫的混合感染,如猪蓝耳病毒与副猪嗜血杆菌、胸膜肺炎放线杆菌、链球菌,猪蓝耳病毒与肠外致病性大肠埃希菌、附红细胞体,圆环病毒与副猪嗜血杆菌或链球菌等。

二 当前猪病防控对策

面对目前我国生猪生产中复杂的疫病问题,如何保障生猪生产的健康、持续发展,最大限度地控制好疫病,尽可能地降低因疫病造成的经济损失已成为一项十分艰巨的任务,也是畜牧兽医科研单位极其重要的研究课题。一方面要积极进行研究,了解最新的猪病流行和发病情况,研究出预防控制的有效药物与方法;另一方面要强化技术培训,帮助和指导养猪场建立有效的疫病防控措施。针对我国目前猪病的流行现状,提出以下防控对策。

1.科学的饲养管理

健康养殖,管理先行,饲养管理已成为控制猪场疫病的关键因素。良好的饲养管理可提高猪群对传染性疾病的非特异性抵抗力,同时减少代谢性疾病和其他内科病、产科病的发生率。良好的饲养管理包括优质全价饲料的合理供给,合适的温度、湿度和养殖密度,科学、合理的药物保健方案,注意猪的福利,全进全出制等。猪场饲养管理的作用是药物与疫苗不可替代的,猪场出现疾病大多是管理失败的指征。

长期以来,很多养猪场一直把疫病控制看成是兽医的事情,似乎与饲养管理和环境控制关系不大,而且过分依赖疫苗,过分依赖药物。生产上因饲养管理不良,卫生条件差,造成猪群抵抗环境应激和疾病的能力大大下降,导致很多疾病发生的现象屡见不鲜。一些猪场因市场行情不好,减少了保健和免疫的环节,导致了疫病的暴发,疾病发生后,又滥用疫苗和各种药物,造成了重大损失。

2.严格的生物安全措施

生物安全措施定义为"为减少疾病侵入猪群及防止已患病猪群将疾病传播给其他猪群而所能做到的一切事情"。生物安全是一个有关规模化、集约化生产过程中保护和提高畜群健康状况的管理策略,通过它来尽可能地减少致病因子的入侵,并从现有环境中去除致病因子,是注重生产过程各个环节联系的一种系统工程,强调控制病原的感染与传播。目前,生物安全是防控非洲猪瘟最有效的手段。

生物安全包括防止传染因子来自外部的水平传入和猪场内部从一个猪舍到另一个猪舍的水平传播。对猪、人员和车辆的严格管理是生物安全行之有效的措施。一些规模化猪场对外来人员或参观者的进入有严格的规定,但对猪场工作人员的进入缺乏持之以恒的管理,特别是母猪舍、保育猪舍和育肥猪舍之间的人员相互流动、串门更缺乏严格的管理。此外,在净道与污道不分或交叉,对引进种猪的隔离、检疫和观察,对饲料的管理,对运输上市和淘汰猪的车辆清洗和消毒,以及内部车辆和外部车辆的严格区分等方面均存在问题。

3.建立健全的综合防疫体系

在建立猪场的综合防疫体系时,不仅要重视疫苗免疫,也要重视消毒、环境控制、猪群保健、药物预防等。防疫是安全生产和控制疫病的生命线,猪场应树立"防重于治、养重于防、养防并举"的观念,根据疫病流行情况和本场的实际,建立健全的综合防疫体系。针对目前疫病的流行

情况,猪场应采取合理的免疫程序,重点控制好猪瘟、猪蓝耳病、猪口蹄疫、猪伪狂犬病、猪气喘病等主要疫病,根据猪场本身疫病的发生和流行情况,有选择性地使用疫苗。同时应定期对猪场实施免疫监测,一方面监测疫苗的免疫接种效果,另一方面可为免疫程序的调整提供依据。

4.正确处置疫情

面对目前猪场疫病的复杂局面,首先应保持清醒的头脑,及时了解本地区及全国的疫病发生情况,根据本场疫病发生和流行的特点,结合发病时的临床表现和剖检病变,并借助科研院所的诊断实验室的分析条件和技术优势,进行病原的分离鉴定和相关检测,以期达到对感染和发病猪群的准确诊断,摸清猪场疫病的种类和流行规律。搞清楚猪场存在的原发性感染和继发性感染疫病的种类,这是疫病预防和控制的基础。根据疫病的种类做好封锁、隔离、消毒、紧急接种、治疗和无害化处理等工作,做到早发现、早确诊、早隔离、早治疗、早处理,把疫情的损失控制在最小的范围内。

5.重视疫病的控制和净化工作

要使猪场获得最大的经济效益,必须有完整的疫病控制与净化技术体系,内容包括隔离、消毒、免疫接种、疫病监测、内外寄生虫防治等,逐步实现规范化的生物安全防疫体系,创建一个有利于猪群健康生长的生态环境。国外的发达国家养猪多是大型的集约化养猪,它们已形成非常成熟的疫病控制与净化的方法。由于国情不同,我国主要以中小型猪场为主,虽然大型养猪场在逐渐增加,但我国的猪病也有许多不同于国外的情况。国外的猪病控制与净化的方法在我国就大多不太实用。

我国从规模化养猪开始就进行规模化猪场的疫病控制与净化技术研究,但总的来说,这些研究还是落后于我国养猪业的发展,而且许多重要疫病的控制与净化技术的研究尚未开展,特别是专门针对中小型猪场的

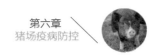

疫病控制与净化技术的研究,基本上未见报道。这就需要我们的兽医科技工作者和生产者共同努力,去解决疫病控制与净化中的难题。只有当我们掌握了科学、合理的疫病控制和净化手段,才能真正降低疫病带来的风险,提高经济效益,保障养殖业的健康稳定发展。

6.规范化和标准化生产

对猪场生产的各个阶段、各个环节饲养管理操作应制定相应的科学的、易于操作的规程,并应制定猪场生产的各个环节相应的标准,如饲料营养标准、各阶段猪的饲喂标准、初生仔猪标准、断奶仔猪标准、消毒标准、环境卫生标准、兽药使用标准等。并严格按规范和标准生产,再好的方法和措施,如不能按规范和标准执行都将成为空谈。我国目前能进行规范化和标准化养猪生产的并不多,原因主要有两个方面:一方面是养猪从业者的认识不足,另一方面是缺乏技术支持和政策引导。

7.建立疫病发生的预警机制

建立疫病发生的预警机制是防患于未然的重要措施。畜牧兽医管理部门应高度重视非洲猪瘟、口蹄疫、猪蓝耳病等重大动物疫病和重要疫病的监测工作,以生猪的主生产区为重点,逐步建立覆盖全省乃至全国的生猪疫病的监控和预警体系。提高监测的频率和抽样的比例,加强对动物疫情报告的收集、分析、整理和评估工作;根据流行病学等状况,及时做出分级预警;加强动物疫情报告网络体系建设,建立健全动物疫情定期通报制度和疫情报告系统,全面实行疫情报告网络化管理。

8.强化疫病监测和诊断的能力建设

准确、及时的监测和诊断是有效控制疫病的前提和先决条件,而目前我国的疫病的监测与诊断能力及手段都有待于进一步提高。这就要求我们一方面要加强动物防疫体系的基础设施和人员建设,建设各级各类兽医实验室,充实、完善各级兽医工作机构的设备、仪器,提高生物安全水

平和诊断、检测能力,同时加强人员培训,提高其操作和技术水平。另一方面我们要加大对畜牧兽医科研部门的投入力度,使其能更快更好地研究出高效诊断、监测及控制疫病的方法和措施,并能更好地发挥其技术优势,成为监测和诊断的中心。

▶ 第二节　猪主要病毒性疾病防控

一　非洲猪瘟流行情况与防控

非洲猪瘟(african swine fever,ASF)是由非洲猪瘟病毒(african swine fever virus,ASFV)引起的一种猪的急性烈性传染病。其临床症状从急性、亚急性到慢性不等,以高热、皮肤发绀、全身内脏器官广泛性出血、呼吸障碍和神经症状为主要特征,发病率和死亡率高达100%。

1.流行情况

(1)非洲猪瘟疫情的传播与流行强度降低。总体而言,非洲猪瘟呈现局部区域流行和疫情散发,但临床的复杂性加剧。同时,由于非洲猪瘟病毒造成的环境污染面较广和养殖场受到感染的风险点多样,其危害仍需高度关注。

(2)非洲猪瘟病毒毒株的多样性增多。目前,非洲猪瘟病毒(ASFV)流行毒株仍以基因Ⅱ型野毒株为主,但存在自然变异毒株、基因缺失毒株、低毒力毒株等变异毒株以及基因Ⅰ型毒株。因此,非洲猪瘟病毒毒株的多样性呈现复杂的局面,这无疑增加了疫情监测与防控的难度。

(3)非洲猪瘟临床疫情的复杂性加重。由于非洲猪瘟病毒流行毒株的多样性,与以前相比,临床疫情更为复杂。一些变异毒株造成的感染,对于养殖场而言,由于感染猪的临床症状不典型和发病晚,临床监测与排

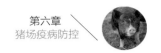

查难于做到早发现,实验室检测也难于做出早诊断,因此造成的危害较大。非洲猪瘟病毒基因Ⅰ型毒株感染严重影响母猪繁殖性能,引起繁殖障碍;育肥猪生长迟缓、慢性病例增多,患病猪表现为关节肿大、皮肤溃烂等,死亡率(该病不存在死淘率)增高。此外,临床上可能还存在非洲猪瘟病毒基因Ⅱ型与基因Ⅰ型毒株混合感染现象。

(4)非洲猪瘟病毒的污染依然严重。由于非洲猪瘟病毒的抵抗力强,在环境中的存活时间长,造成的污染面较大,短时间内难以彻底消除。而且,一些场点(如病死猪无害化处理场、屠宰场以及农贸市场)的污染持续存在,是造成非洲猪瘟病毒传播与扩散的重要风险点。与生猪养殖企业相关的人员、运输工具、物资、饲料、饮水、用具、食材以及养殖场周边环境受到污染的概率很高。非洲猪瘟病毒污染严重是一些养殖场疫情反复发生和复养失败的重要原因之一。

2.临床症状

该病的病程分急性、亚急性和慢性。在家养猪群中,该病毒入侵后常导致急性非洲猪瘟的集中暴发。急性非洲猪瘟的致死率可达100%,并常在出现临床症状前死亡;体温高达41℃;猪只表现极度虚弱,心跳加快,咳嗽,呼吸困难,浆液或黏液脓性结膜炎,血痢,呕吐。亚急性型非洲猪瘟缺乏明显的临床症状,3~4周后死亡或康复;感染猪常伴有高热,流产也很常见。慢性非洲猪瘟猪发育迟缓、消瘦,常伴随出现关节肿胀、跛行、皮肤溃烂和肺炎。

3.病理变化

急性型感染猪皮肤出血;脾脏肿大,呈黑色,质脆,被膜下有散在出血点(图6-1);淋巴结肿大、质脆、出血,切面呈大理石样花纹;肾脏表面及皮质有点状出血;肺脏充血、水肿(图6-2);心包中含有大量猩红色液体,心内膜及浆膜有出血点;腹腔积有大量血红色液体。整个消化道出血、水

肿(图6-3);中枢神经系统水肿,并有血管周围性出血。

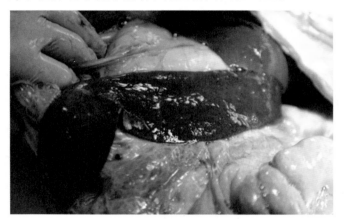

图6-1 猪脾脏异常肿大、呈黑色

图6-2 猪肺脏出血

图6-3 猪胃黏膜出血

亚急性型感染病猪可见淋巴结和肾脏出血,脾脏肿大、出血,肺脏充血、水肿。有时还可见到间质性肺炎。

慢性型感染猪可见到肺脏实变或局灶性干酪样坏死和钙化。病程超过2~3周的病猪,大多发生纤维素性心包炎、肺炎和腿关节肿大等慢性病变。

4.防控对策

(1)强化生猪养殖场生物安全体系建设。生物安全措施在我国非洲猪瘟的防控中发挥了巨大作用。经历非洲猪瘟重创之后,养殖企业快速恢复生猪生产,这为生物安全体系防控非洲猪瘟的有效性和可行性提供了最为直接的实证。大型养殖企业(场)应进一步完善自身的生物安全风险评估体系,着眼于关键风险环节和风险点,落实非洲猪瘟防控的生物安全管控。严格执行引种监测、隔离制度;严格限制人员进入猪场;严格控制运输工具进入猪场;严格控制进场饲料的安全;严格控制猪场的内外环境,做好消毒、灭软蜱、灭苍蝇、灭蚊、灭鼠等;严格控制所有可能带有污染病原的其他物品进入猪场。

(2)强化疫病监测。有条件的养殖企业(场)应开展非洲猪瘟病毒感染及其变异情况的检测,配合动物疾病预防控制机构进行疫情监测,及时发现流行毒株的新变化。按照《非洲猪瘟疫情应急实施方案(第五版)》等要求,及早发现和排查疫情,及时上报和严格处置疫情,禁止发病猪和感染猪进入屠宰、运输、销售等流通环节,以降低非洲猪瘟病毒的污染和传播。

(3)禁用非法疫苗。非法非洲猪瘟疫苗的使用对我国非洲猪瘟的防控造成巨大干扰。目前尚无商品化非洲猪瘟疫苗,未经严格程序批准生产、经营、使用的疫苗都是假疫苗,安全风险隐患极大。各地畜牧兽医部门要切实加强非洲猪瘟疫苗研制、生产、经营和使用的监督管理,坚决防范假

疫苗风险,以最大的决心、最坚决的措施,严厉打击制售和使用非洲猪瘟假疫苗行为。

二 当前猪瘟的流行特点与防控

猪瘟(classical swine fever,CSF)是由猪瘟病毒(classical swine fever virus,CSFV)引起猪的一种急性或慢性、热性和高度接触性传染性疾病。发病特征为发病急、高热稽留和细小血管变性,会引起猪全身泛发性小出血点,脾梗死。

1.流行特点

(1)种猪带毒现象较为普遍。一些猪场带毒率比较高,成为猪场猪瘟的主要传染来源,常导致哺乳仔猪、保育猪感染发病。种猪带毒常发生繁殖障碍,比如导致死胎增多等。

(2)后备种猪有隐性感染或带毒现象。因种猪流通和交易而造成猪瘟病毒的传播,成为其他猪场和新建猪场猪瘟的主要传染来源。

(3)呈散发性。猪瘟不是常发病,呈散发性,免疫猪群以非典型猪瘟为主。因免疫失败,猪场暴发典型猪瘟也屡见不鲜,且规模也比较大,都是存栏基础母猪百头左右的猪场。

(4)混合感染较为普遍。猪瘟病毒常与猪繁殖与呼吸综合征病毒(PRRSV)、猪圆环病毒 2 型(PCV2)等呈现二重感染、三重感染,特别是在有猪瘟病毒污染的猪场十分普遍。

2.临床症状

(1)急性型猪瘟。体温升高至 41℃,有的高于 42℃;病猪眼结膜发炎,两眼有大量黏性、脓性分泌物,眼睑水肿,严重时完全被封;体温升高之初病猪便秘,随后腹泻,排出带有特殊恶臭的稀便;病初的皮肤充血到疾病的后期变为发绀或出血,以腹下、鼻端、耳根、四肢内侧和外阴等部位

常见。

（2）慢性型猪瘟。病程可以分为3期。早期即急性期,有食欲不振、精神委顿、体温升高等临诊症状;几周后食欲和一般状况显著改善,体温降至正常或略高于正常;后期病猪重现食欲不振、精神委顿临诊症状,体温再次升高,直至临死前不久才下降。病情时轻时重,食欲时有时无,精神时好时坏,体温时高时低,便秘、腹泻交替出现,是慢性猪瘟的突出表现。病猪生长迟缓,发育不良,常有皮肤损害。病猪可存活100天左右,很难完全康复。不死的猪常形成僵猪。

3.病理变化

（1）急性型猪瘟。全身淋巴结,特别是耳下、颈部、肠系膜和腹股沟淋巴结水肿、出血,呈大理石样或红黑色外观,切面呈周边出血状;肾脏有针尖状出血点或大的出血斑,出血部位以皮质表面最为常见,呈现所谓的"雀斑肾"外观(图6-4);脾脏出血性梗死。此外,全身浆膜、黏膜和心、肺、膀胱、胆囊等均可出现大小不等、多少不一的出血点或出血斑。

图6-4　猪肾脏有小出血点

（2）慢性型猪瘟。慢性型猪瘟的出血变化不明显,但在回肠末端、盲肠和结肠常见特征性的伪膜性坏死和溃疡,呈纽扣状;由于钙、磷失调表现

为突然钙化,从肋骨、肋软骨联合到肋骨近端常见有半硬的骨结构形成的明显横切线,该病理变化在慢性猪瘟诊断上有一定意义。

4.防控中存在的问题

(1)猪场对猪瘟防控的重视程度不够。其他疫病(如猪蓝耳病)的暴发和流行造成猪场顾此失彼;过分关注其他疫病(如非洲猪瘟)而忽视了非典型猪瘟的存在;过分依赖疫苗,不重视猪场的消毒卫生和其他生物安全控制措施,造成猪瘟病毒在猪场的循环和反复感染。

(2)猪瘟疫苗的质量影响猪瘟的控制成效。因疫苗质量问题出现的免疫失败造成猪场猪瘟暴发,尽管做了免疫接种,但免疫猪只产生的免疫效力不足以完全抵抗猪瘟病毒野毒的感染,从而引起非典型猪瘟。

(3)免疫程序不合理。在疫苗质量有保证的前提下,由于免疫程序不合理,导致非典型和典型猪瘟的发生。

(4)诊断不及时。不能及时做出正确诊断,典型猪瘟容易判断,但非典型猪瘟容易误诊。

5.防控建议

(1)加强猪场的消毒卫生与生物安全。生物安全的核心就是消毒卫生。确保猪场内所用消毒剂和设施设备的正常使用,系统坚决不能中断;确保猪场生物安全,最基本、最重要的是生产人员的意识、积极性和配合性。

(2)加强疫苗免疫接种。要采用高质量的猪瘟疫苗,建立猪场个性化的、科学合理的免疫程序(首免、二免时间,超前免疫是否实施);实施疫苗免疫效果的监测,最好采用 ELISA 方法测血清抗体效价确定首免、二免日龄以及超前免疫是否实施。

(3)重视猪场猪瘟的诊断与监测。发病猪群出现死胎后,要及时对仔猪、保育猪、生长育肥猪进行诊断,确认是否存在猪瘟。平时要注意收集

病料,并实施定期监测。

三　猪繁殖与呼吸综合征(蓝耳病)流行现状及防控

猪繁殖与呼吸综合征(porcine reproductive and respiratory syndrome,PRRS)是由猪繁殖与呼吸综合征病毒(porcine reproductive and respiratory syndrome virus,PRRSV)引起的猪的一种繁殖和呼吸系统的传染病,其特征为厌食、发热,怀孕后期发生流产,产死胎或木乃伊胎;幼龄猪发生呼吸系统疾病和大量死亡。

1.流行情况

(1)是严重影响我国养猪业的重要疫病。近年来,猪繁殖与呼吸综合征病毒流行强度呈下降趋势,全国范围内无流行性疫情发生,以地方性流行和疫情散发为主。然而,从猪场层面来看,猪繁殖与呼吸综合征的流行范围较广,临床疫情持续不断,对养猪生产的危害仍然很大。临床疫情以母猪繁殖障碍(流产、产死胎)、保育猪和生长育肥猪的呼吸道疾病以及继发性感染为特征,保育猪和生长育肥阶段猪的感染率高居不下,一些养殖场保育猪的死亡率与死淘率超过 20%。

(2)感染猪场呈现感染率高、毒株类型多样性特点。有学者对部分未使用疫苗的养殖企业猪群的血清学检查结果显示,在保育和生长育肥阶段,猪繁殖与呼吸综合征病毒呈现高感染率状态,猪群的抗体阳性率介于 40%~100%。流行毒株以 PRRSV-2 谱系 1 的类 NADC30 毒株及其重组毒株为主。另外,PRRSV-2 谱系 1 的类 NADC34 毒株、PRRSV-2 谱系 5 的毒株(类 VR-2332 疫苗毒株)等有较高的流行比例。

2.流行病学

各年龄和种类的猪均可感染:仔猪潜伏期为 2~4 天,怀孕母猪潜伏期为 4~7 天。主要感染途径为呼吸,空气传播、接触传播和垂直传播为主要

的传播方式;老鼠可能是该病原的携带者和传播者;此病在仔猪间传播比在成年猪间传播容易。

3.主要临床表现

体温明显升高,可高于41℃;精神沉郁、食欲下降或食欲废绝;眼结膜炎、眼睑水肿;咳嗽、气喘等呼吸道症状;皮肤发红,耳部发绀(图6-5),腹下和四肢末梢等处皮肤呈紫红色斑块状或丘疹样;部分病猪出现后躯无力、不能站立或共济失调等神经症状;哺乳仔猪可见腹泻。

图 6-5　猪耳部发绀

4.主要病理变化

肺水肿、出血、淤血,以心叶、尖叶为主的灶性暗红色实变(图6-6);脾脏边缘或表面出现梗死灶;淋巴结出血;肾脏呈土黄色,表面可见针尖至小米粒大出血斑;心肌出血、坏死;部分病例可见胃肠道出血、溃疡、坏死。脑出血、淤血,有软化灶及胶冻样物质渗出;扁桃体出血、化脓。

5.防控措施

采取综合性防控措施,以稳定控制猪繁殖与呼吸综合征为目标。

(1)无疫养殖场防控措施。全力做好生物安全各项工作。防止猪繁殖与呼吸综合征病毒传入,特别是要强化引种或购入猪只的检测,避免引

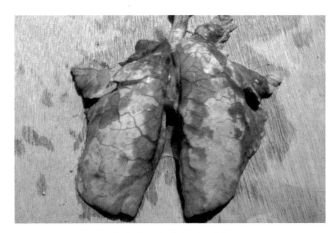

图 6-6　猪肺水肿、出血

入阳性带毒猪；不使用猪繁殖与呼吸综合征减毒活疫苗。

（2）有疫养殖场防控措施。开展猪繁殖与呼吸综合征病毒感染状况的监测，掌握毒株类型与变化情况，为猪场制订控制方案提供依据。强化养殖场内环境的清洁卫生消毒工作，减少猪繁殖与呼吸综合征病毒的污染；实现各阶段的全进全出生产方式，减少猪繁殖与呼吸综合征病毒在猪群间的循环。对引入猪只进行检测，防止引入新毒株；及时清除严重发病猪只；如需使用猪繁殖与呼吸综合征减毒活疫苗，应策略性免疫接种，采取一次性免疫方式（母猪配种前、仔猪断奶前），避免多次免疫。对于阴性后备母猪或引入种猪，应在配种前 1~3 个月采取减毒活疫苗免疫、猪场的活病毒接种、配种前与经产母猪混群，以及放入猪繁殖与呼吸综合征病毒感染猪等方式进行驯化；对于不稳定猪群和发病猪群，可适当使用抗生素类药物控制猪群的细菌性继发感染。

（四）猪流行性腹泻病流行现状及防控

猪流行性腹泻（porcine epidemic diarrhea，PED）是由猪流行性腹泻病毒（PEDV）引起的猪的一种高度接触性肠道传染病，以呕吐、腹泻和食欲下降为基本特征,各种年龄段猪均易感染。

1.流行特点

(1)发病较为常见,危害严重。猪流行性腹泻呈常态化,在秋、冬、春季十分常见,其危害仍然较重。

(2)免疫后猪场发病依然严重。疫苗免疫对猪流行性腹泻的控制成效并不显著,免疫猪场的发病哺乳仔猪仍呈现高发病率和高死亡率。

(3)以猪流行性腹泻病毒新变异株的流行为主。2010年底以来,引起疫情的猪流行性腹泻病毒(PEDV)流行毒株是一种不同于我国以前毒株的新毒株,该新毒株呈现特征性的变异,即在S蛋白的第55位与56位氨基酸之间、第135位与136位氨基酸之间分别有4个氨基酸和1个氨基酸的插入,以及第156位的氨基酸缺失。

2.发病特征

发病日龄小、发病率和死亡率高;主要在冬、春季节发病,夏季也有;成年猪无明显症状;流行周期长;首次发病后,3周后会复发;主要表现为拉稀和肠道病变(图6-7)。

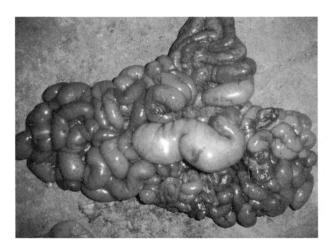

图6-7　肠道出血,特别是小肠出血明显

3.防控措施

降低养殖场猪流行性腹泻病毒的污染,减轻临床疫情造成的损失。

(1)加强猪场的生物安全防控。生物安全措施对于猪流行性腹泻的控制同样重要,尤其是要控制因人员、运输工具污染、引种而造成猪流行性腹泻病毒的传入。对于冬春季节发生疫情的养殖场,应聚焦于降低或消除猪流行性腹泻病毒对猪场内环境的污染。

(2)强化饲养管理和消毒。严格实行全进全出的生产方式,避免将不同来源和不同日龄的猪只混群饲养;对圈舍(特别是产房)、猪场设施与用具进行彻底清洗、消毒和干燥;生产区净道与污道应严格区分,控制猪场内人员流动,饲养员避免串舍,圈舍之间用具不得交叉使用。

(3)疫苗接种。结合本猪场疫病发生情况,按疫苗说明书进行免疫。

(4)疫病发生处理。疫病零星发生时,应及时清除发病仔猪(整窝清除),对产房及全场进行彻底消毒;疫病暴发,须按相关要求上报兽医主管部门。

(5)返饲。对于中小型规模养殖场,可采取返饲方式感染配种前的母猪,大型规模化养殖场可利用自场毒株对配种前母猪进行接种,但返饲应慎重应用于妊娠母猪。实施应符合相关法律、法规要求,不得造成病毒传播。

五 猪圆环病毒病研究新进展及防控

1.病原及致病性

猪圆环病毒(porcine circovirus, PCV)为圆环病毒科圆环病毒属成员,目前已知包括4种基因型:PCV1对猪无致病性;PCV2可引起猪群一系列疾病,如断奶仔猪多系统衰竭综合征(PMWS)、猪皮炎肾病综合征(PDNS)、繁殖障碍性综合征(SMEDI)、猪呼吸障碍综合征(PRDC)、先天

性震颤（CT）等；PCV3 也可以引起 PDNS、SMEDI 和全身多器官的炎症反应；2019 年，PCV4 在我国患有猪呼吸道疾病、腹泻及皮炎肾病综合征的猪群中首次被发现。

2.感染与流行情况

（1）PCV2 的感染与流行。PCV2 在我国的感染非常普遍。我国 PCV2 感染主要以 PCV2a、PCV2b、PCV2d 为主，2000—2003 年主要流行毒株为 PCV2a，2003 年以后转变为 PCV2b，2012 年开始出现 PCV2d 逐渐替代 PCV2b 的趋势，当前 PCV2d 已成为 PCV2 感染的优势毒株，但局部地区仍有 PCV2b、PCV2a 流行。

（2）PCV3 的感染与流行。回顾性研究发现，PCV3 在国外 50 年前就已存在，我国 1996 年就有发生。有报道显示我国至少已在 10 多个省份发现 PCV3，不同地区 2015—2019 年 PCV3 样本阳性率在 7.24%~26.92%，PCV3 感染率呈现逐年上升趋势。另外，PCV3 呈现出遗传多样性。

（3）PCV4 的感染与流行。PCV4 于 2019 年 4 月在我国湖南首次被发现。目前，由于 PCV4 为新近发现病毒，流行区域和感染数据非常有限，湖南、河南、广西等相继报道过该病的发生，报道检测猪场样本阳性率为 13%左右。

3.发病情况

（1）断奶仔猪多系统衰竭综合征（PMWS）。慢性、进行性疾病；常见于 6~16 周龄的猪，以 6~8 周龄多发；皮肤苍白，有时伴有黄疸；呼吸困难；可能出现腹泻。

（2）猪皮炎和肾病综合征（PDNS）。通常感染 5~24 周龄的猪；皮下有圆形的红色或棕色的出血病斑，这些病变常见于耳、脸、腹侧、腿及臀部；重者可出现跛行、发热、厌食及体重减轻。发病率不是很高，一般低于 5%。死亡率为 0.5%~7%。

4.病理变化

(1)断奶仔猪多系统衰竭综合征(PMWS)。全身淋巴结肿大;肺主要呈弥散性、间质性肺炎变化,橡皮样水肿(图6-8);肾有白色坏死灶,由于水肿而导致其呈现蜡样外观;脾轻度肿大;肾外观暗红色表面有弥漫性灰白色斑点(图6-9)。

图 6-8　肺呈现弥散性、间质性肺炎变化

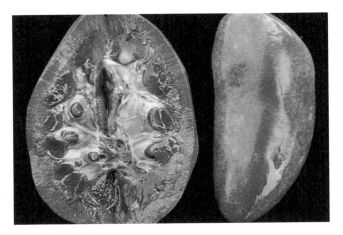

图 6-9　肾外观暗红色,表面有弥漫性灰白色斑点

（2）猪皮炎和肾病综合征（PDNS）。出血性、坏死性皮炎；肾肿大、苍白，肾表面可见出血点（图 6-10）；胸腔积液和心包积液。

图 6-10　肾肿大、苍白，肾表面可见出血点

5.疫苗应用

猪圆环病毒 2 型已有国产和进口疫苗，PCV3 和 PCV4 无商品化疫苗。当前商品化 PCV2 疫苗只能单一预防 PCV2，针对 PCV2 不同基因亚型交叉保护效果还不明确，且不能预防 PCV3 和 PCV4。

今后，同时预防 PCV2d、PCV2b、PCV2a 不同基因亚型的 PCV2 疫苗及同时预防 PCV2、PCV3、PCV4 的联合疫苗将是研究方向。

▶ 第三节　猪主要细菌性疾病防控

一 副猪嗜血杆菌病防控

副猪嗜血杆菌病是近些年对仔猪危害最大的细菌性疾病。其病原是副猪嗜血杆菌，流行菌株具有多种血清型，影响疫苗的免疫防控效果。

1.流行特点

（1）副猪嗜血杆菌主要感染 2 周龄至 4 月龄的猪只，尤其是 5~8 周龄

的仔猪。当猪群不稳定或出现免疫抑制性疾病时,极易诱发副猪嗜血杆菌的继发感染。

（2）病猪及其分泌物、临床康复猪和隐性感染猪是本病的主要传染源。病菌通过空气传播经呼吸道感染,以及易感猪与病猪或病猪分泌物之间的接触经消化道感染,也可通过伤口感染。

（3）本病一年四季均可发生,早春和深秋季节多发;气温剧烈变化、空气质量差、营养不足或长途运输等应激均能促使本病发生。多呈地方性流行。

（4）发病率一般在 10%~15%。断奶前后和保育期的仔猪,发病死亡率为 50%~80%;母猪发病可诱发流产或死亡。

2. 临床症状

可分为急性感染和慢性感染两种,一般猪场是以慢性感染为主。

（1）急性感染病例的主要临床症状。病猪体温升高为 40~41℃,精神沉郁,不愿活动,食欲减退;呼吸困难,咳嗽,尖叫;关节肿胀,跛行,共济失调;可视黏膜发绀,消瘦,被毛凌乱,2~3 天死亡,少数病猪会出现猝死现象。急性感染病例存活后可能留下后遗症,如母猪流产、公猪慢性跛行等。

（2）慢性感染病例的主要临床症状。病猪身体消瘦,被毛粗乱,呼吸困难,咳嗽,生长迟滞,关节肿大等。

3. 病理变化

（1）剖检以浆液性-纤维素性多发性浆膜炎、关节炎和脑膜炎为特征。

（2）浆膜炎主要是在单个或多个浆膜面出现浆液性或化脓性纤维蛋白渗出物,这些浆膜包括胸膜、心包膜和腹膜。胸腔内有数量不等的淡红色液体及纤维素性渗出物,肺与胸壁粘连;心包内有淡黄色透明液体或化脓性渗出液,常有干酪样或豆腐渣样渗出物与心外膜粘连在一起形成"绒毛心"(图 6-11),心外膜与胸壁粘连;腹腔积液,混有纤维素性渗出物,腹腔内器官粘连(图 6-12)。发生脑膜炎时,脑膜充血、出血,脑脊液增多。浆液性或化脓性关节炎一般发生在腕关节和跗关节。

图 6-11　猪心脏病变形成的"绒毛心"

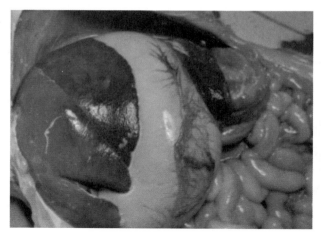

图 6-12　猪腹腔积液,有纤维素性渗出物,器官粘连

（3）少数急性副猪嗜血杆菌性肺炎不具有多发性浆膜炎症状,呈现皮肤发绀、皮下水肿、肺水肿和急性败血症变化。

4. 实验室诊断

包括病原形态学观察、细菌的分离与培养、生化鉴定、PCR 检测和血清型鉴定等。

5.疫情的处理

发现疑似副猪嗜血杆菌病时,养殖场应立即将病猪隔离,并到有关诊断实验室进行快速诊断,筛查敏感的抗菌剂,确定病原血清型,以便迅速控制疫情和选择对应血清型的疫苗。

6.预防

(1)贯彻自繁自养的原则,加强饲养管理,提高环境控制水平。饲养场必须符合《动物防疫条件审查办法》的要求,并须取得动物防疫合格证。严把引种关,实行全进全出饲养方式,控制人员、车辆和物资的出入,严格执行清洁和消毒制度。

(2)提高猪只抗病力,避免或减少应激因素的发生。改善猪群生存条件,提高猪只体质。当猪群有应激因素发生时,可提前用预防量的抗生素拌入饲料中饲喂,抗生素的使用按《无公害食品 畜禽饲养兽药使用准则》(NY 5030—2006)的要求进行。

(3)做好重要疫病的免疫接种。按照科学的程序做好猪瘟、猪蓝耳病、猪伪狂犬病、猪口蹄疫、猪圆环病毒病和猪气喘病等疫病的免疫接种。

(4)做好副猪嗜血杆菌病的免疫。受本病威胁严重的猪场,可接种与流行菌株血清型相对应的多价油乳剂灭活疫苗。初产母猪产前 8~9 周首免,间隔 3 周加强免疫一次;经产母猪产前 4~5 周免疫一次;仔猪在 14 日龄首免,间隔 3 周加强免疫一次;种公猪每半年免疫一次。以上免疫均为颈部肌内注射疫苗 2 毫升/头。

二 猪链球菌病的防控

猪链球菌病是由多种不同群的链球菌引起的不同临床类型传染病的总称。该病分布广泛,世界各地均有发生,也是多年来一直困扰我国养猪业的主要传染病之一。

1.链球菌的分类

链球菌的血清型十分复杂,其分类方法很多且有分歧。

(1)根据链球菌对红细胞作用分类。利用其在血液琼脂平板上的溶血性质,将链球菌分为三类:α型(甲型)溶血链球菌,此类链球菌不产生水溶性溶血素,不产生 C 多糖物质,不被胆汁溶解;β型(乙型)溶血链球菌,产生溶血毒素,致病力强,常引起人和动物发病;γ型(丙型)链球菌,此型菌不产生溶血素,亦无致病性,多存在于粪便及乳中。

(2)根据荚膜抗原特性的差异为基础分类。进一步将猪链球菌分为35 个血清型,即 1—34 及 1/2 型。其中以 2 型流行最广,对猪的致病性亦最强。根据兰氏分群,过去将 2 型猪链球菌归于 D 群,进一步研究修正为R 群;1 型猪链球菌属 S 群。

2.流行特点

病猪和带菌猪是传染源,通过消化道、呼吸道和皮肤损伤感染,小猪由脐带感染;大小猪都可感染,哺乳仔猪发病率和死亡率高,架子猪次之,成年猪较少。一年四季均可发生,以 5—11 月份发生较多;淋巴结脓肿主要发生于架子猪,传播缓慢,发病率低,但可在猪群中陆续发生。本病流行无明显季节性,但有夏、秋季多发,潮湿闷热天气多发的特点。有时甚至可呈地方性暴发,发病率和死亡率都很高。

3.临床症状

(1)急性败血型。本型为 C、D 群和 L 群链球菌等在血中增殖引起全身症状的急性、热性、败血性传染病。最急性型为不出现症状即死亡。急性型体温升高为 41℃以上,食欲减少至废绝;便秘,有的猪后期拉稀。耳、颈下、腹部出现紫斑;咳嗽,呼吸困难。有的出现神经症状,运动失调,转圈。有的倒地侧卧,四肢划动,叫声嘶哑,如不及时治疗,死亡率会很高。此类型多发生于架子猪、育肥猪和怀孕母猪,是本病中危害最严重的类型。

（2）心内膜炎型。本型病猪生前不容易发现和诊断，多发于仔猪，突然死亡或呼吸困难，皮肤苍白或体表发紫，很快死亡。往往与脑膜炎型并发。

（3）关节炎型。通常先出现于 1~3 个月龄的幼猪，仔猪也可发生。表现为关节肿大，呈高度跛行，不能站立，体温升高，被毛粗乱，哺乳仔猪由于抢不上奶吃而逐渐消瘦，直至衰竭死亡。

（4）脑膜炎型。除体温升高、拒食外，还会出现神经症状，磨牙、转圈、头向上仰、运动失调，后期四肢划动，最后昏迷死亡。

（5）化脓性淋巴结类型。颌下淋巴结化脓性炎症较为常见，咽、耳下、颈部等淋巴结也可发生。多发生于 6~8 周龄，乃至 4 个月龄的猪。下颌淋巴结脓肿，开始硬肿，有热痛。后期化脓成熟，变软，皮肤破溃，脓汁流出，影响采食，一般不会引起死亡。

4.病理变化

（1）主要为出血性败血症病变和浆膜炎。血液凝固不良，耳、颈下、腹部和四肢出现紫斑或出血斑。肺充血、出血、肿胀，表面有纤维蛋白附着。肾脏表面多为灰褐色，有出血点。肝脏肿大，表面有纤维附着物。全身淋巴结肿大、出血，有的淋巴结切面坏死（紫黑色）或化脓。

（2）败血型病例剖检见各器官充血、出血。各浆膜有浆液性炎症变化，心包液增多，脾肿大呈暗红，脾包膜上有纤维素沉着。

（3）脑膜炎型病变为脑膜充血、出血，脑脊髓液混浊、增多，脑实质有化脓性炎症变化。

（4）关节炎型病例可见关节肿胀、充血，滑液浑浊，严重者关节软骨坏死，关节周围组织有多发性化脓灶。

5.链球菌病防治

（1）疫苗预防。活菌苗，为保证免疫效果，注射疫苗前后 10 天不饲喂或不注射抗生素药物，确需使用这些药物的，在停药 10 天后再免疫 1 次。

(2)药物防治。头孢类、四环素类、磺胺类、氟喹诺酮类等药物均可用于本病的预防和控制,最好先进行药敏试验筛选高敏药物。

三 猪气喘病的诊断与防控要点

冬季,猪易发生多种呼吸道性疾病,而猪气喘病是其中危害最为严重的传染病之一。该病又称为猪支原体肺炎,发病率高,死亡率低,但严重影响猪的生长发育,导致饲料利用率降低,且极易导致其他细菌病的继发感染,从而使死亡率增加,损失加重。

1.流行特点

猪气喘病的病原体为猪肺炎支原体,病猪和带菌猪是本病的传染源。一旦传入,很难彻底清除。本病是经呼吸道传播,病原体随咳嗽、气喘和喷嚏的分泌物排出体外,形成飞沫,经呼吸道感染健康猪。哺乳仔猪和保育猪最易感染,发病率较高。其次是怀孕猪和哺乳母猪,育肥猪发病较少,成年猪多呈慢性和隐性感染。本病在深秋和严冬季节较多发。猪繁殖与呼吸综合征(猪蓝耳病)、猪圆环病毒病、猪瘟等可诱发本病。本病易继发多杀性巴氏杆菌、猪链球菌、大肠埃希菌、副猪嗜血杆菌感染,常导致临床症状恶化和死亡率升高。猪场首次发生此病常呈暴发性流行;老疫区多为慢性或隐性感染,死亡率低。

2.诊断要点

(1)急性型常见于初次发病猪群,多为急性呼吸困难。病猪剧喘,腹式呼吸,犬坐姿势,伴有痉挛性阵咳,食欲废绝,日渐消瘦,继发感染致体温升高为40℃以上。慢性型常在老疫区发生,或由急性病例转化而来。表现为反复干咳、频咳,早晨和夜间最为明显,剧烈运动能激发咳嗽。病猪可能只咳嗽1~3周,也可能出现无限期的咳嗽,体温一般正常。除了极个别严重病例外,呼吸、动作仍正常。通常病猪仍维持食欲,病症时而明显时

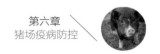

而缓和,但生长发育受阻。隐性型一般不表现任何症状,偶见个别猪咳嗽,解剖时有肺炎病灶;在老疫区隐性猪气喘病较常见。

(2)病变特征是形成融合支气管肺炎,两侧病变大致对称,肿大,颜色淡红或者灰红半透明状,间隙明显,病程加重呈现"肉样"或"虾肉样"实变。如继发细菌性感染,可引起肺和胸膜的纤维素性、化脓性病变。

(3)经对肺尖叶病变部分触片,固定后用姬氏染色,油镜下发现大量深紫色球状及轮状等多形态微生物,结合流行病学、临床及病理解剖,初步诊断为猪气喘病。进一步确诊可以采用免疫荧光试验、ELISA、PCR 等方法。

3.防控措施

(1)疫苗免疫:按疫苗说明书,结合本场具体情况进行免疫。

(2)猪场冬季要注意防寒保暖,减少环境应激因素的刺激。

(3)加强饲养管理,保持圈舍干燥,处理好通风与保温之间的矛盾。

(4)强化消毒,用氯制剂、碘制剂等进行环境消毒。

(5)坚持自繁自养的方针,如需引种,尽可能从非疫区引进,且隔离观察确认无本病后方可混群饲养。

(6)疑似病例早诊断,早隔离,及时消除传染源。

(7)治疗可选用恩诺沙星、氧氟沙星等沙星类药物以及泰乐霉素、林可霉素、泰妙菌素、土霉素等抗生素进行治疗,但治疗的周期一般较长,易复发,而且复发后,因耐药性的产生,再治疗效果不佳。

▶ 第四节　仔猪腹泻的原因及防治

仔猪腹泻在养猪业中危害居首,可导致仔猪成活率降低,饲料报酬率降低,仔猪生长缓慢,甚至生长发育停滞(僵猪),严重威胁养猪业的健康

发展。造成仔猪腹泻的原因有许多,通常有仔猪生理性因素、营养性因素、应激性因素和病原性因素,而更多的原因是多种因素相互作用和交叉感染。

一 仔猪腹泻的原因

1.生理性腹泻

(1)仔猪消化器官发育程度低,消化功能不完善。仔猪胃腺不发达,未建立完全胃液分泌反射,因而胃液分泌量很少,胃消化酶种类和数量不足。仔猪胃黏膜蛋白酶在出生后两周内活性很低。同时游离胃酸含量极少,胃酸含量不足导致仔猪胃肠道 pH 偏高,难以激活胃蛋白酶。此时,摄取饲料蛋白过量,不能完全消化,便会在大肠内腐败变质,产生有害物质,损伤结肠,导致腹泻。

(2)免疫功能不健全。仔猪免疫系统发育不完善,免疫能力差,自身免疫力主要从初乳中获得免疫球蛋白,此时,如果圈舍病原或外界环境恶劣,尤其是初乳获得迟或不足,因应激和免疫力低而腹泻。

(3)胃肠道环境生态平衡脆弱。仔猪出生后 24 小时就定植了双歧杆菌、大肠埃希菌、乳酸杆菌、肠球菌、小梭菌等,形成微生态系统。一般乳酸菌通过竞争性分解营养物质而抑制有害菌增殖,减少毒素产生,提高胃黏膜保护作用,防止腹泻。但乳酸菌适宜酸性环境生长繁殖,而仔猪胃酸分泌很少,主要靠乳酸糖发酵产生的乳酸作用,断奶或奶源减少时,乳糖来源不足,乳酸含量下降,胃内 pH 升高,乳酸菌即减少,大肠埃希菌等有害病原菌生长繁殖占优势,导致胃肠道微生物失衡而腹泻。

(4)体温调节功能不健全。仔猪被毛稀疏,皮下脂肪少,体温调节能力差,环境变化极易引起消化系统紊乱而导致腹泻。

2.营养性腹泻

营养性腹泻是与饲料营养成分有关的因素引起的腹泻,根据病因分

为两类：一是饲料原料中含抗营养因子，二是营养素含量不平衡。

（1）抗营养因子性腹泻。日粮中抗营养因子有蛋白酶抑制因子、皂角苷、棉酚、单宁、非淀粉多糖及外源凝集素（大豆致敏因子）等，豆粕中蛋白酶抑制因子与肠道胰蛋白酶和糜蛋白酶结合会降低消化道蛋白酶活力，引起消化不良而腹泻；大豆饲料含有大豆球蛋白酶和β聚球蛋白等多种抗原成分，是引起仔猪过敏反应的抗原成分，高大豆含量日粮会导致肠绒毛缩短及变形，豆类抗原物质进入肠道，激活局部免疫系统，如仔猪未产生免疫耐受发生免疫反应，肠道损伤，消化酶活性下降，吸收功能下降，导致腹泻。试验表明，仔猪肠道对日粮过敏反应是断奶仔猪腹泻的根本原因。

（2）营养素含量不平衡性腹泻

①蛋白质含量或组成不合理。仔猪胃酸分泌量少，消化酶种类少，胃pH偏高，酶活性偏低，仔猪断奶时对植物蛋白消化需逐渐适应，因此蛋白质过高过多，在无法消化吸收情况下进入大肠，在大肠内细菌作用下腐败，生成氨、胺类、硫化氢等对肠道黏膜细胞有毒性的产物，引起腹泻。日粮蛋白质过高或植物蛋白质含量过高，会导致小肠绒毛缩短及隐窝加深。降低蛋白质水平和减少植物蛋白质摄入，可降低仔猪腹泻发病率。

②碳水化合物。仔猪消化系统不完善，未分泌淀粉酶，对淀粉利用很少，主要利用乳糖、蔗糖。纤维素、木质素会诱发仔猪腹泻。2~3周以后仔猪利用乳糖能力降低，乳糖过多也会引起轻度腹泻。

③脂肪。仔猪日粮添加油脂是解决能量不足的手段，但研究认为仔猪断奶前后2周，胰脂肪酶活性下降，仔猪日粮脂肪添加有待于进一步研究。

④维生素、矿物质缺乏。维生素C是有效的抗应激因子，可增强仔猪体内中性白细胞活性，提高免疫力，减轻仔猪断奶应激；维生素A有利于

增加免疫球蛋白产生,提高免疫力。缺乏维生素 C、维生素 A,仔猪抵抗力差,易腹泻。维生素 B_1、维生素 B_2 是机体代谢不可缺少的辅酶,对促进胃肠蠕动和提高酶活性有作用,缺乏时胃肠功能紊乱,消化液分泌减少,易引起腹泻。另外,烟酸、泛酸、维生素 B_6、叶酸、维生素 B_{12} 也会引起不同程度的腹泻。微量元素铜、铁缺乏时会引起仔猪贫血,贫血导致机体对大肠埃希菌敏感,引起并发性仔猪腹泻;缺乏硒也会引起仔猪腹泻。

3.应激性腹泻

仔猪自身免疫系统、消化系统、酶系统、体温调节功能等尚未健全,应激因素对仔猪影响较大。

(1)环境因素应激。温度低、温度突变、湿度大、混群、分栏、运输使仔猪产生应激反应,导致采食量降低、消化不良而腹泻。

(2)断奶应激。断奶时营养成分及营养饲喂方式突变,仔猪对营养物质吸收功能产生不适应,造成营养应激;断奶时仔猪对植物性蛋白质消化能力不强;断奶后仔猪采食过多及不规律,均会造成腹泻。

4.病原性腹泻

(1)细菌性腹泻

①大肠埃希菌性腹泻。仔猪大肠埃希菌病是由致病性大肠埃希菌引起的传染病,引起仔猪腹泻的主要有仔猪黄痢(早发性大肠埃希菌病)和仔猪白痢(迟发性大肠埃希菌病)。

早发性大肠埃希菌病:是初生仔猪的急性、致死性传染病,主要发生在 1 周龄内仔猪,1~3 日龄最为常见,发病率为 90%,死亡率为 50%。

迟发性大肠埃希菌病:是 10~30 日龄仔猪多发的一种肠道传染病,以排泄白色或灰白色带有腥臭味的稀粪为特征,发病率约为 50%,死亡率较低。

②沙门杆菌腹泻。主要多发于 1~4 月龄仔猪,无明显季节性,寒冷、气

温多变、阴雨、环境差、仔猪抵抗力下降等均是诱发因素。

③梭菌性肠炎(仔猪红痢)。由C型产气荚膜梭菌(也称魏氏梭菌)引起的1周龄仔猪高度致死性肠毒血症,血性下痢,病程短,死亡率高。主要侵袭1~3日龄的仔猪,1周龄以上很少发病,死亡率一般在20%~70%,魏氏梭菌能产生α、β毒素,特别是β毒素,可引起仔猪肠毒血症。

(2)病毒性腹泻。根据全国猪病持续监测和调查结果,造成生猪腹泻流行的主要病原是猪流行性腹泻病毒和猪传染性胃肠炎病毒。

①传染性胃肠炎。猪传染性胃肠炎病毒主要存在于猪的空肠和十二指肠,其次是回肠,能感染各种年龄段猪,以10日龄内仔猪发病率、死亡率最高,死亡率可达100%,5周龄以上仔猪死亡率较低,成年猪几乎没有死亡病例。

②轮状病毒。2~5周龄仔猪多发,发病率为50%~80%,死亡率为7%~20%,主要发生在寒冷季节。病毒主要侵害小肠绒毛,导致仔猪腹泻。

③猪流行性腹泻。冠状病毒引起,大小猪都可以发生,主要为水样腹泻,易与传染性胃肠炎混淆,但其传播速度慢,1个月左右才能波及整个猪群,尤其是封闭猪场。腹泻4~5天的小猪有很高的死亡率(20%~30%),猪流行性腹泻病毒变异株所致腹泻病,1周龄内仔猪死亡率可达100%。

④猪德尔塔冠状病毒(猪丁型冠状病毒)。猪德尔塔冠状病毒可引起不同年龄猪,尤其是仔猪发生以水样腹泻、呕吐、脱水、食欲不振为主要特征的肠道传染性疾病。感染猪临床症状及死亡率较低,与猪流行性腹泻病毒和/或猪传染性胃肠炎病毒共同感染可加重猪感染后的临床症状。

⑤猪博卡病毒。猪博卡病毒属于细小病毒科细小病毒亚科。猪博卡病毒可引发猪只发生呼吸道疾病和肠道感染,临床上表现为支气管炎、肺炎及急性与慢性胃肠炎症状。死亡率与共同感染有关。

(3)寄生虫性腹泻。猪球虫能引起新生仔猪寄生虫性腹泻,与黄痢、白

痢相似。球虫主要侵害 7~11 日龄仔猪,称"十日腹泻",12 日龄后症状减轻,3 周龄后无临床症状。仔猪 52% 的球虫腹泻为球虫经消化道侵入肠上皮细胞,发育为滋养体,并在附近上皮增殖,卵囊通过粪便排出,等孢球虫卵囊发育需较高温度,一般在春末和夏季发生。感染等孢球虫仔猪会出现发热、持续性或脂肪性腹泻。

二 仔猪腹泻的防治

1.生理性腹泻防治

(1)日粮中添加酸制剂和酶制剂。在仔猪日粮中添加柠檬酸、延胡索酸、甲酸钙等酸制剂,可提高仔猪日增重,减少腹泻。酸制剂可弥补仔猪胃酸不足,降低 pH,激活胃蛋白酶活性。日粮中添加复合酶制剂,可延长胃内排空时间,使蛋白质充分水解,促进营养物质消化吸收,消除或减少腹泻。酶制剂可弥补仔猪消化酶数量和种类的不足。

(2)日粮中添加乳酸清粉或乳酸清粒。日粮中添加一定量的乳酸清粉,能有效降低仔猪胃内 pH,提高消化酶活性,抑制有害菌繁殖,减少腹泻,仔猪 3~5 周龄应用乳酸清粒效果较好。

(3)添加益生素。益生素能维持仔猪肠道正常菌群,促进有益菌生长,抑制有害菌繁殖,同时在肠道产生有机酸,降低 pH,减少仔猪腹泻。

(4)加强冬季保温。仔猪刚出生时调节体温的功能不健全,冬季天气寒冷,昼夜温差较大,尽量保持圈舍内温度的相对稳定,切忌温度骤变,否则易诱发仔猪腹泻。

2.营养性腹泻防治

适当降低仔猪日粮中蛋白质的含量,特别注意避免日粮的单一蛋白质含量过高,采用低蛋白质、高氨基酸日粮。同时,通过饲料膨化工艺减少抗原物质,进而减少仔猪腹泻发生。

3.应激性腹泻防治

（1）早期（7~10 日龄）开食训练,适应植物性饲料,减少营养性应激腹泻。

（2）逐步断奶,逐步换料。

（3）母猪、仔猪逐渐隔离,减少心理应激。

（4）减少转群、干扰等环境应激。

（5）日粮中添加矿物质、维生素,提高抗应激能力。早期断奶仔猪日粮中添加锌、铁、铜、硒、维生素 E、维生素 C 等,均可提高仔猪体质,减少腹泻。

4.病原性腹泻防治

（1）加强饲养管理,饲喂全价日粮,充足供水,产房、圈舍温度保持适宜,同时保证通风良好。

（2）加强卫生管理和消毒,自繁自养,控制引种,注重生物安全。

（3）预防为主,做好疫苗接种,定期驱虫,定期进行药物预防。

（4）病毒性腹泻治疗:收敛止泻,抗菌消炎（防继发和并发细菌感染）,补液防脱水。

（5）细菌性腹泻治疗:一般抗生素均有效（沙星类等）,但应做好药敏试验,防耐药菌。

（6）寄生虫性腹泻治疗:感染仔猪用百球清、磺胺六甲氧等治疗。

▶ 第五节　猪场免疫程序的制订

猪的疫病控制,重在预防。俗话说:"七分防,三分治。"防,既包括疫苗免疫预防,又包括药物预防（但均不可过度）。其中以疫苗的免疫程序更为重要,要根据本场疫病具体情况而定,并根据免疫监测的结果,适时调

整,不可一味照搬照抄。

一 预防接种的基本概念

在经常发生某些传染病的地区,或有某些传染病潜在的地区,或经常受到邻近地区某些传染病威胁的地区,为了防患于未然,在平时有计划地给健康动物进行的免疫接种,称为预防接种。

预防接种通常使用疫苗、菌苗、类毒素等生物制剂做抗原引发免疫。用于人工主动免疫的生物制剂可统称疫苗,包括用细菌、支原体、螺旋体和衣原体等制成的菌苗,以及用病毒制成的疫苗和用细菌外毒素制成的类毒素。

根据所用生物制剂的品种不同,可采用皮下、皮内、肌内注射,或皮肤刺种、点眼、滴鼻、喷雾、口服等不同的接种方法。接种后经一定时间,可获得数月至1年以上的免疫力。

二 影响免疫程序制订的因素

1.当地疾病的流行情况及严重程度

生猪疫病种类多,养猪场(户)在制订免疫程序时首先应考虑当地生猪疫病流行情况,和当前可能造成该地区暴发、流行的生猪疫病来确定要接种疫苗种类、时间与次数。并非所有已知的生猪疫病都纳入免疫范围,能够及时治疗的生猪疫病,如有些危害不大的细菌性传染病一般不应列入免疫范围,以免造成额外的开支。而本地从未发生过的生猪疫病,即使有疫苗可免疫,也应慎重使用。

2.抗体水平

生猪体内存在的抗体依据来源可分为两大类:一类是先天所得。新生仔猪通过胎盘、初乳或从母体所得的抗体称为母源抗体,母源抗体可使新生仔猪获得天然被动免疫,但母源抗体可干扰疫苗的免疫,对免疫效果影响比较大,在制订免疫程序时,应根据母源抗体消退情况确定初免的时间。另一类是通过后天免疫产生的抗体。生猪体内的抗体水平与免疫效果有直接关系,一般免疫应选在抗体水平到达临界线时进行。但是抗体水平一般难以估计,有条件的养猪场(户)应通过监测来确定抗体水平;不具备条件的,可通过疫苗的使用情况及该疫苗产生抗体的规律去评估抗体水平,或根据疫苗厂家推荐的免疫程序进行免疫。

3.疫苗的种类和性质

疫苗一般分为弱毒活疫苗、灭活疫苗或单价疫苗、多价疫苗、多联疫苗等。各种疫苗的免疫期及产生免疫力的时间是不相同的,设计免疫程序时应考虑采用合理的免疫途径及疫苗类型来刺激机体产生免疫力。选择疫苗时,应包含当地流行的血清型,针对性地选择科学、有效、经济、稳定、无副作用的疫苗。

4.免疫接种的方法和途径

设计免疫程序时应考虑疫苗的免疫接种方法和途径,正规疫苗生产厂家提供的产品都附有使用说明,不能随意更改免疫方法和接种剂量,免疫应严格按照使用说明进行。一般活苗采用饮水、喷雾、滴鼻、点眼、注射免疫,灭活疫苗则需肌内或皮下注射。合适的免疫途径可以刺激机体尽快产生免疫力,而不合适的免疫途径则可能导致免疫失败。同一种疫苗用不同的免疫途径所获得的免疫效果也不一样。只有正确选择免疫方法,才能获得理想的免疫效果。

5.各种疫苗的配合

由于各种疫苗的免疫期及产生免疫力的时间不同,几种疫苗同时使用(多联苗除外)或接种时间相近时,就会产生干扰作用,应合理安排免疫时间,避免干扰现象。产生干扰的原因有两个方面:一是两种病毒感染的受体相似或相同,产生竞争作用;二是一种病毒感染细胞后产生干扰

素,影响另一种病毒的复制。因此,两种及两种以上的疫苗如果不适合同时接种,则不能同天接种,更不能混在一起接种,最好相隔 7~10 天。

6.饲养管理

如果不能给生猪提供充足营养物质的话,可能会导致猪体内的某些激素含量发生变化,从而导致猪的免疫器官发育不完全。此外,如果养殖条件比较差的话,也容易造成毒株侵害生猪的机体,影响免疫的效果。应激反应也会引起免疫应答机制紊乱。只有健康、正常的猪群才能产生良好的免疫应答,而且疫苗接种后的不良管理也会影响免疫效果。同时对疾病的控制也不能完全依赖疫苗注射,认为免疫后就万事大吉,即使免疫产生了较高的抗体,如果受到强毒的持续感染,仍然会导致猪群发病。猪群健康状况不理想时不要免疫,在病猪、弱猪的染病潜伏期及隐性感染期免疫会产生严重后果。

三 免疫接种失败的原因

动物免疫接种后,在免疫有效期内不能抵抗相应病原体的侵袭。如接种了猪流行腹泻疫苗,但仍发生了猪流行性腹泻病;或接种了猪瘟疫苗,1 个月后监测,测不到猪瘟抗体或抗体滴度达不到要求,均可认为是免疫接种失败。出现免疫接种失败的原因很多,必须从客观实际出发,考虑各方面的可能因素。主要可归纳为三大方面,即疫苗因素、动物因素和人为因素。

1.疫苗因素

(1)疫苗本身的保护性能差或具有一定毒力,如猪副伤寒菌苗等。

(2)疫苗毒(菌)株与田间流行毒(菌)株血清型或亚型不一致,或流行株的血清型发生了变化,如口蹄疫、猪流行性腹泻病等都有这种情况。

(3)疫苗运输、保管不当;或疫苗稀释后未及时使用,造成疫苗失效或

减效;或使用过期、变质的疫苗。

(4)不同种类疫苗之间的干扰作用。

2.动物因素

(1)接种活苗时动物有较高的母源抗体或前次免疫残留的抗体,对疫苗产生了免疫干扰。

(2)接种时动物已处于潜伏感染状态,或在接种过程中被感染。

(3)动物群中有免疫抑制性疾病存在,如猪圆环病毒病、猪繁殖与呼吸综合征等;或有其他疫病存在,使免疫力暂时下降而导致发病。

3.人为因素

(1)免疫接种工作不认真,例如进行饮水免疫时饮水器不足,疫苗稀释错误或稀释不匀,接种剂量不足,接种有遗漏等。

(2)免疫接种途径或方法错误,例如只能注射的灭活疫苗却采用饮水法接种。

(3)免疫接种前后使用了免疫抑制性药物,或在活菌疫苗免疫时使用了抗菌药物。

参 考 文 献

[1] 陈雪英,戴光文,谢丽华,等.猪圆环病毒研究新进展[J].养猪,2021(4): 112-114.

[2] 陈溥言.兽医传染病学[M].5 版.北京:中国农业出版社,2006.

[3] 国家畜禽遗传资源委员会.中国畜禽遗传资源志:猪志[M].北京:中国农业 出版社,2011.

[4] 黄国清,吴华东.猪生产[M].北京:中国农业大学出版社,2016.

[5] 李和平,朱小甫.高效养猪[M].2 版.北京:机械工业出版社,2018.

[6] 中国农业大学,上海市农业广播电视学校,华南农业大学.家畜粪便学[M].上 海:上海交通大学出版社,1997.

[7] 王旭,杨军香.畜禽粪肥检测技术指南[M].北京:中国农业出版社,2017.

[8] 全国畜牧总站.畜禽养殖废弃物资源化利用主推技术模式[J].农村科学实 验,2018(1):27-28.

[9] 杨汉春,周磊.2021 年猪病流行情况与 2022 年流行趋势及防控对策[J].猪业 科学,2022,39(2): 50-53.

[10] 杨汉春,周磊,周信荣.2020 年猪病流行情况与 2021 年流行趋势及防控对 策[J].猪业科学,2021,38(2): 50-52.

[11] 杨汉春,周磊,高元元,等.2019 年猪病流行情况与 2020 年流行趋势及防控 对策[J].猪业科学,2020,37(2): 52-54.

[12] 郑志伟.生物发酵床养猪新技术[M].北京:中国农业大学出版社,2010.

[13] 赵书广.中国养猪大成[M].北京:中国农业出版社,2001.